Einsteins
speciella relativitetsteori - matematiska
och
fysikaliska misstag!

Einsteins speciella relativitetsteori – matematiska och fysikaliska misstag!

Everything should be made
as simple as possible,
but not simpler.

Albert Einstein

ex nihilo nihil fit

Jan Slowak

Einsteins speciella relativitetsteori - matematiska och fysikaliska misstag!

Tidigare artiklar / böcker

1. Bye-Bye Big Bang, Episod/Episode 1
2. Bye-Bye Big Bang, Episod/Episode 2
3. Bye-Bye Big Bang, Episod/Episode 3
4. Redshift factor, Absolute redshift, Galaxies red / blue distribution
5. Sawing of my article about the Big Bang
6. Big Bang - Questions to physicists and cosmologists

Copyright © Jan Slowak 2016
Förlag och tryck: BoD
ISBN: 978-91-7699-150-3

Einsteins speciella relativitetsteori – matematiska och fysikaliska misstag!

*För
Vetenskap*

Einsteins speciella relativitetsteori – matematiska och fysikaliska misstag!

Innehåll

1) Källförteckning 7
2) Mätningar, beräkningar, resultat 9
3) Händelser i koordinatsystem 13
4) Ljus 14
5) Registrering, beräkning och transformation av koordinater 16
6) Beräkning av längden i två referenssystem stillastående gentemot varandra 28
7) Beräkning av tidsintervall i två referenssystem stillastående gentemot varandra 49
8) Händelser och transformationer när det ena referenssystemet är i rörelse 61
9) Beräkning av längden när det ena referenssystemet är i rörelse 79
10) Beräkning av tidsintervall för två händelser när det ena referenssystemet är i rörelse 88
11) Analys av Lorentztransformationer 97
12) Analys av Lorentzfaktorn 102
13) Analys av Einsteins "En enkel härledning av Lorentztransformationen" 108
14) Michelson-Morley experiment 112-113
15) Avslut 115

Einsteins speciella relativitetsteori – matematiska och fysikaliska misstag!

Källförteckning

Lit 1: Moder Physics; Sixth edition; Paul A. Tipler, Ralph A. Llewellyn; Chapter 1: Relativity I; 2012

Lit 2: University Physics with Modern physics; Thirteen Edition; Young Freedman; Chapter 37: Relativity; 2012

Lit 3: Den speciella och den allmänna relativitetsteorin; Albert Einstein; Första delen: Om den speciella relativitetsteorin; 2006; Swedish

Lit 4: Einsteins relativitetsteori – en kritisk analys ...; Ove Tedenstig; 2015; Swedish

Lit 5: Den moderna fysikens grunder ...; Krister Renard; Kapitel 2: Speciell relativitetsteori; 1995; Swedish

Lit 6: Concepts of Modern Physics; Sixth edition; Arthur Beiser; Chapter 1: Relativity; 2003

Lit 7: Modern Physics; Second edition; Randy Harris; Chapter 2: Special Relativity; 2008

Einsteins speciella relativitetsteori – matematiska och fysikaliska misstag!

Lit 8: Knowing, The Nature of Physical law, Michael Munowitz, 2005

Lit 9: Illustrerad vetenskap, Nr 16/2014; Swedish

Lit 10: Calculus - A Complete Course; Robert A. Adams; Sixth Edition;

Lit 11: Nádherná teorie – Sto let obecné teorie relativity; Pedro G. Ferreira; Czech

Lit 12: Six Ideas That Shaped Physics; Thomas A. Moore; 2003

...

Mätningar, beräkningar, resultat

När vi mäter olika objekt som vi inte har direkt kontakt med, måste vi tillämpa några matematiska omvandlingar, använda formler, göra diverse beräkningar.

Några exempel:

1) Vi tittar på en karta, vill vi veta hur stort huset är. Längden på huset på kartan, mäter vi till 2 cm. Hur stor är husets längd i verkligheten? Om vi inte vet kartans skala, kan vi bara gissa. Men om vi ser att skalan är 1: 1000, då kan vi beräkna den verkliga längd:

$$L = 2 \text{ cm} * 1000 = 2000 \text{ cm} = 20 \text{ m}$$

2) Ta en sugrör och stoppa den till hälften i ett glas med vatten. Vad ser du? Sugröret ser brutet ut. Kolla begreppet *refraktion* på Wikipedia eller en fysikmanual.

Vad kan vi säga om dessa exempel? I början har vi ett antal värden. Vi gör vissa beräkningar, konverterar enheter, och så vidare. Vi använder några formler, kanske gör vi ytterligare beräkningar. I slutändan får vi ett resultat. Vi visualiserar detta.

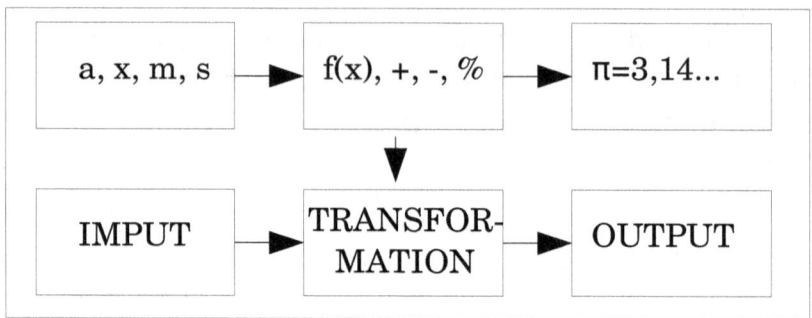

Fig. 00.1

Så kan man föreställa sig även analysen av relativitetsteorin. Vi har två referenssystem. De rör sig med konstant hastighet, $v > 0$, gentemot varandra. Informationen mellan de två systemen rör sig med ljusets hastighet. En händelse i något av dessa två referenssystemen kan representeras av $E = (x, y, z, t)$.

Då har vi följande representation av detta, se Fig. 00.2

Fundera hur vi gjorde beräkningarna i exemplet med kartan.

Einsteins speciella relativitetsteori – matematiska och fysikaliska misstag!

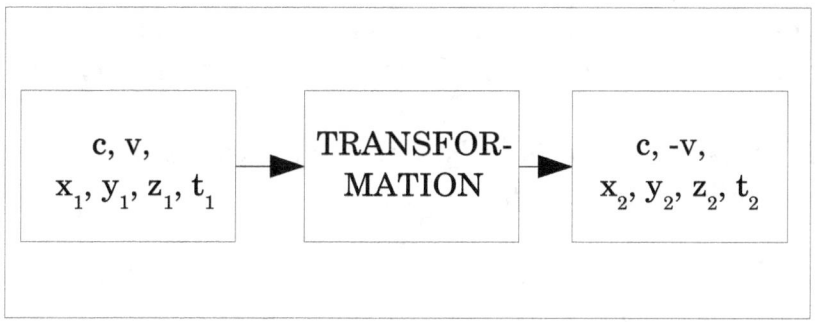

Fig. 00.2

Det ska bara vara mätvärden (INPUT), matematiska formler, fysikaliska lagar (TRANSFORMATIONER), då får vi rätt resultat (OUTPUT).

Man kan inte gå på känslor, på vad man ser, hör, och så vidare. Tja, man kan gå på känslor, på vad man tycker, men då är resultatet inte rätt, det är förvrängt, man får som resultat av beräkningar paradoxer.

*Om man gör mätningarna noggrant och om man använder i dessa beräkningar rätt formel, med hjälp av lämplig fysikalisk lag, om man har de rätta antaganden, då får man **INGEN** paradox!*

Därför, i mina tankeexperiment, ersätter jag observatörer med apparater, sensorer, som är objektiva. Vi använder matematiken, den är universal.

Med denna insikt ger vi oss in i analysen av *den speciella relativitetsteorin*.

Den speciella relativitetsteorin

Denna teori behandlar ett antal koncept: koordinatsystem, samtidighet, händelse, tid, plats, Lorentz transformation, referenssystem, observatör, tidsdilatation, tankeexperiment , och andra begrepp.

I detta arbete presenterar vi i korthet några av dessa begrepp. Vi gör det så enkelt som möjligt, skalar bort allt som inte är nödvändigt.

Först går vi igenom ett antal tankeexperiment med två referenssystem och ett objekt i vilket uppstår händelser.

Händelser i koordinatsystem

En händelse i *rumtiden* anges med 4 koordinater. Vi betecknar en händelse med bokstaven E (från eng. event). En sådan händelse kan betecknas på följande sätt:

E = (x, y, z, t)

För att förenkla det hela, betraktar vi endast händelser som äger rum på x-axeln. Då blir y = 0, z = 0 och då betecknar vi händelsen endast med E = (x, t).

I dessa experiment kommer vi att använda *materiella objekt* som kan sända en ljussignal, som kan registrera en inkommande ljussignal och som har en egen klocka (LTR = light-transmitter-reciever). Ett sådant objekt på x-axeln utgör ett koordinatsystem.
Vi säger att de är **materiella** *för att skilja de från* **ljussignaler** *som är* **vågfenomen**.
Koordinatsystem vi använder i experiment, kan vara stillastående gentemot varandra eller röra sig med konstant hastighet, $v > 0$, gentemot varandra. Informationen mellan dessa system förmedlas med hjälp av ljussignaler som rör sig med ljusets hastighet c. Vi approximerar c till 300 000 km/s.

Einsteins speciella relativitetsteori – matematiska och fysikaliska misstag!

Ljus

Ljus och annan elektromagnetisk strålning är en *vågrörelse* som fortplantas i rum och tid. Ljuset rör sig oberoende av källans eller observatörens rörelser.

Men även riktningen i vilken ljussignalen rör sig är oberoende av källans eller observatörens rörelser.

Det spelar ingen roll om ljuskällan rör sig eller roterar, i det ögonblick ljussignalen lämnar källan, rör sig signalen med samma hastighet och med samma riktning.

Vi illustrerar hur ljussignalens hastighet och riktning är oberoende av ljuskällans rörelser, se Fig. 00.3

Vi betraktar LTR_1 som sänder en ljussignal varje mikrosekund, samtidigt vrider sig källan med en bågsekund. Under en mikrosekund avverkar ljussignalen en sträcka på 0,3 km. På ett avstånd av 97 200 km finns det LTR_2. När LTR_1 är vänd mot LTR_2 sänds första ljussignalen. Efter 324 000 mikrosekunder (90x60x60) når denna ljussignal LTR_2 och LTR_1 är vänt 90 grader åt vänster/höger.

Einsteins speciella relativitetsteori – matematiska och fysikaliska misstag!

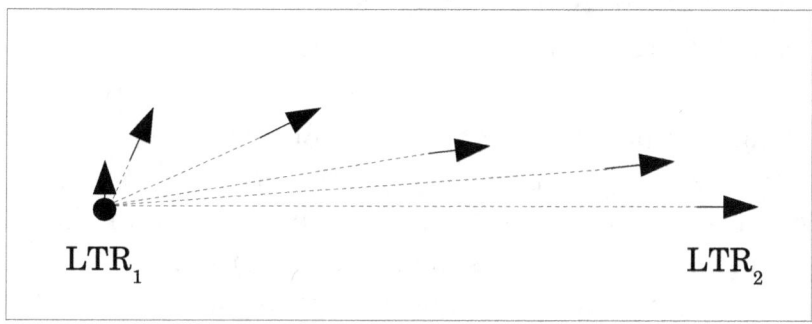

Fig. 00.3

Einsteins speciella relativitetsteori – matematiska och fysikaliska misstag!

Registrering, beräkning och transformation av koordinater

Genom ett antal experiment kommer vi att se hur man kan beräkna koordinater för en händelse i ett system med hjälp av koordinater från ett annat system. En sådan beräkning kallas för transformation.
Vi börjar med det mest specifika fallet när LTR_1, LTR_2 och LTR befinner sig i samma punkt på x-axeln. Då synkroniseras deras klockor också.

Experiment 01:

$$LTR_1 = LTR_2 = LTR, \ E = (0,0)$$

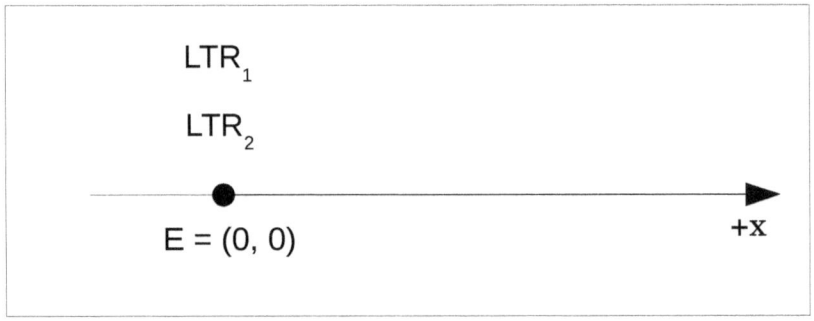

Fig. 01.1

Vi beräknar händelserna E_1 och E_2 då ljussignalen

från E når LTR$_1$ och LTR$_2$.

Koordinater 01:
$E_1 = (x_1, t_1) = (0, 0)$
$E_2 = (x_2, t_2) = (0, 0)$

Transformationer 01:
Vi kommer att beräkna (x_1, t_1) med hjälp av (x_2, t_2) och tvärtom. I detta fall är det enkelt.
$E_1 = (x_1, t_1) = (x_2, t_2)$
$E_2 = (x_2, t_2) = (x_1, t_1)$

I följande experiment kommer LTR$_1$ och LTR$_2$ befinna sig på ett avstånd $d > 0$ ifrån varandra, LTR$_2$ ligger åt höger från LTR$_1$, mot den positiva riktningen av x-axeln. En tredje LTR finns också på x-axeln och det är händelser som uppstår i LTR som de andra två kommer att registrera.

När det gäller t-koordinaten, tänk att den är alltid större än eller lika med *t*, som är tiden då händelsen E inträffade i LTR.

Som längdenhet på x-axeln väljer vi km - kilometer.
Som tidsenhet använder vi s - sekund.

Experiment 02:

a < 0, d > 0, LTR, LTR$_1$, LTR$_2$
LTR befinner sig vänster om LTR$_1$ på ett avstånd
|a| > 0. E = (a, t).
Vi beräknar E$_1$ och E$_2$.

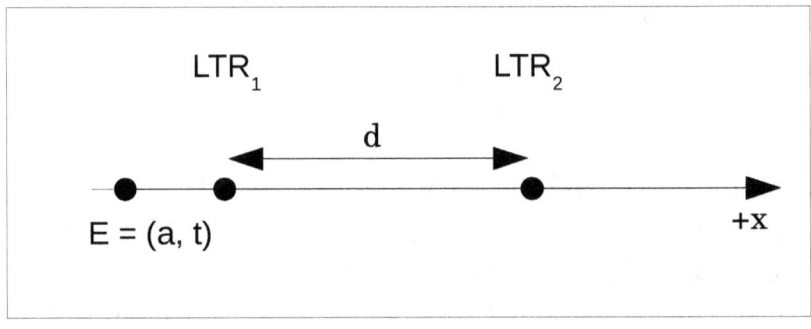

Fig. 02.1

Koordinater 02:
$E_1 = (x_1, t_1) = (a, t-a/c)$
$E_2 = (x_2, t_2) = (a-d, t+(-a+d)/c)$

Transformationer 02:
$E_1 = (x_2+d, t_2-d/c)$
$E_2 = (x_1-d, t_1+d/c)$

Einsteins speciella relativitetsteori – matematiska och fysikaliska misstag!

Samtidighet 02:
Händelsen E är samtidig för LTR_1 och LTR_2 om tiden när denna händelse registreras i de två referenssystem är lika.
$t_1 = t_2 \rightarrow$ t-a/c = t+(-a+d)/c $\rightarrow$ d = 0

Experiment 03:

0 = a < d, LTR = LTR_1, LTR_2

$E = (0, t)$

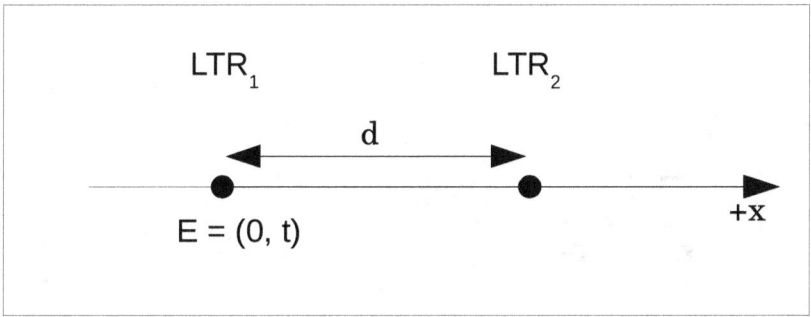

Fig. 03.1

Koordinater 03:
$E_1 = (x_1, t_1) = (0, t)$
$E_2 = (x_2, t_2) = (-d, t+d/c)$

Transformationer 03:
$$E_1 = (x_2+d, t_2-d/c)$$
$$E_2 = (x_1-d, t_1+d/c)$$

Samtidighet 03:
$$t_1 = t_2 \rightarrow t = t+d/c \rightarrow d = 0$$

Experiment 04:

$0 < a < d$, LTR_1, LTR, LTR_2

$$E = (a, t)$$

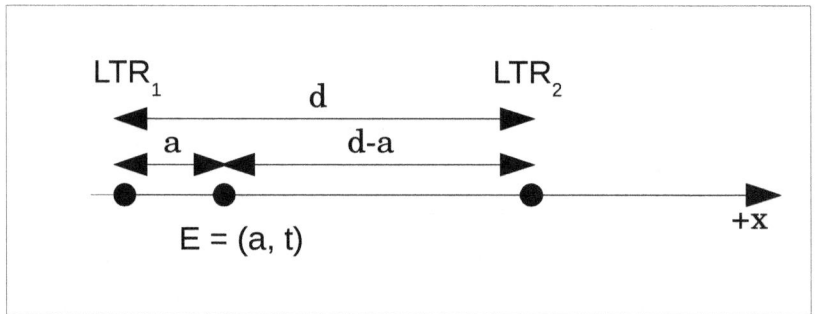

Fig. 04.1

Koordinater 04:
$$E_1 = (x_1, t_1) = (a, t+a/c)$$
$$E_2 = (x_2, t_2) = (-(d-a), t+(d-a)/c)$$

Einsteins speciella relativitetsteori – matematiska och fysikaliska misstag!

Transformationer 04:
$$E_1 = (x_2+d, \; t_2+a/c-(d-a)/c)$$
$$E2 = (x_1-d, \; t_1-a/c+(d-a)/c)$$

Samtidighet 04:
$t_1 = t_2 \rightarrow t+a/c = t-a/c+d/c \rightarrow a=d/2$

Experiment 05:

$0 < a = d$, LTR_1, LTR_2=LTR

$E = (d, t)$

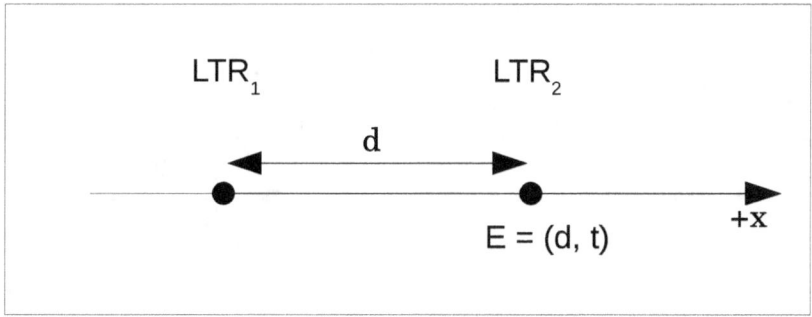

Fig. 05.1

Koordinater 05:
$$E_1 = (x_1, t_1) = (d, t+d/c)$$
$$E_2 = (x_2, t_2) = (0, t)$$

Einsteins speciella relativitetsteori – matematiska och fysikaliska misstag!

Transformationer 05:
$$E_1 = (x_2+d, t_2+d/c)$$
$$E_2 = (x_1-d, t_1-d/c)$$

Samtidighet 05:
$$t_1 = t_2 \rightarrow t+d/c = t \rightarrow d = 0$$

Experiment 06:

$0 < d < a$, LTR_1, LTR_2, LTR

$$E = (a, t)$$

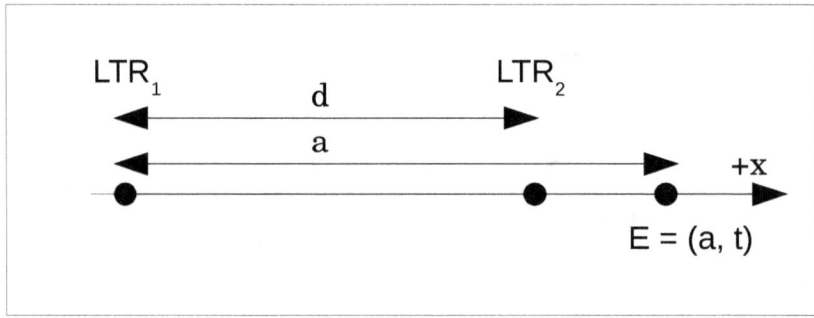

Fig. 06.1

Koordinater 06:
$$E_1 = (x_1, t_1) = (a, t+a/c)$$
$$E_2 = (x_2, t_2) = (a-d, t+(a-d)/c)$$

Einsteins speciella relativitetsteori – matematiska och fysikaliska misstag!

Transformationer 06:
$E_1 = (x_2+d, t_2+d/c)$
$E_2 = (x_1-d, t_1-d/c)$

Samtidighet 06:
$t_1 = t_2 \to t+a/c = t+(a-d)/c \to d = 0$
Vi sammanfattar samtidighet för experiment 02-06:
Om vi sätter villkoret för samtidighet, $t_1 = t_2$, i experiment 02, 03, 05 och 06 får vi $d = 0$ som ger motsägelse enligt experimentens initiala villkor.
Detta innebär att händelser i dessa experiment kan INTE vara samtidiga för LTR_1 och LTR_2.

Då återstår experiment 04. Här får vi att $a = d/2$. Vi kan dra slutsatsen att om vi har två referenssystem på ett avstånd $d > 0$ från varandra, stillastående gentemot varandra, finns det endast en enda händelse som är samtidig för båda två system. Det är händelse som uppstår exakt i mitten av sträckan som förbinder de två referenssystem. Självklart, om vi utökar våra experiment till hela rummet, (x, y, z), då kan flera händelser registreras som samtidiga i LTR_1 och LTR_2. Det är händelser som befinner sig i en rätvinklig plan mot x-axeln, mitt på sträckan mellan LTR_1 och LTR_2.

Einsteins speciella relativitetsteori – matematiska och fysikaliska misstag!

Vi generaliserar formler för koordinater och transformationer.
Betrakta en händelse $E = (x, t)$, någonstans på x-axeln.
Avstånd mellan LTR_1 och LTR_2 är $d > 0$ och $t > 0$. Ljusets hastighet $c = 300\ 000\ km/s$.
Koordinater 02-06:

$$E_1 = (x_1, t_1) = (x,\ t + |x|/c)$$
$$E_2 = (x_2, t_2) = (x-d, t + |x-d|/c)$$

Numeriska exempel när $d = 10$:

Koordinater:
Experiment 02: $x = -2$;
$\quad E_1 = (-2, t + 2/c);\ E_2 = (-12, t + 12/c)$
Experiment 03: $x = 0$;
$\quad E_1 = (0, t + 0/c);\ E_2 = (-10, t + 10/c)$
Experiment 04: $x = 3$;
$\quad E_1 = (3, t + 3/c);\ E_2 = (-7, t + 7/c)$
Experiment 05: $x = 10$;
$\quad E_1 = (10, t + 10/c);\ E_2 = (0, t + 0/c)$
Experiment 06: $x = 14$;
$\quad E_1 = (14, t + 14/c);\ E_2 = (4, t + 4/c)$

Transformationer 02-06 ser ut på följande sätt:

$$E_1 = (x_2 + d,\ t_2 + |x|/c - |x-d|/c)$$
$$E_2 = (x_1 - d,\ t_1 - |x|/c + |x-d|/c)$$

Einsteins speciella relativitetsteori – matematiska och fysikaliska misstag!

Vi ser att t-koordinater innehåller $|x|$-funktionen (absolut värde) som inte är linjär.

Nedan, Fig. 06.2, visas en grafisk representation av t_1 respektive t_2 som funktioner av x för enskilda fallet t=1, d=10, c=300000 och x mellan -10 och 20

Ej i skala.

Vi ser att transformationen mellan t_1 och t_2 är inte linjär. Här ser man också tydligt att samtidighet ($t_1 = t_2$) kan inträffa endast om $x = d/2 = 5$, som är *halva* avståndet mellan LTR_1 och LTR_2.

Kan verifieras med följande:
plot
1+abs(x)/c and 1+ abs(x-10)/c
for c=300000, x from -10 to 20

där
1+abs(x)/c = 1+ $|x|$/c = $t_1(x)$
1+ abs(x-10)/c = 1+ $|x-10|$/c = $t_2(x)$

Einsteins speciella relativitetsteori – matematiska och fysikaliska misstag!

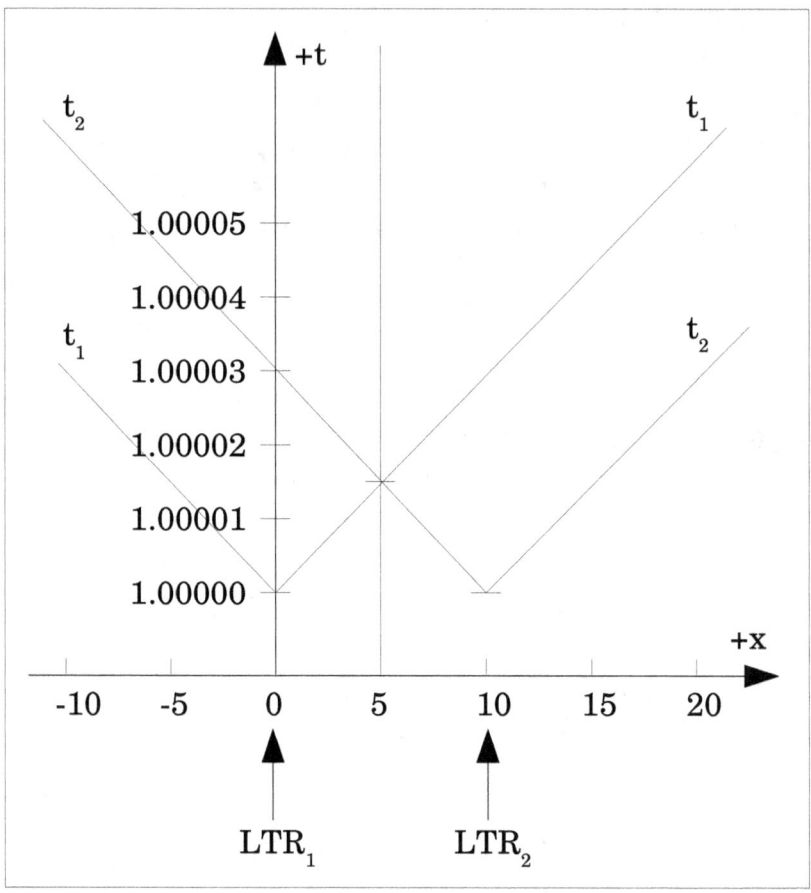

Fig. 06.2

Vi skriver en gång till de generaliserade formlerna för en händelse utifrån hur de registreras i LTR_1 och LTR_2:

$$E_1 = (x_1, t_1) = (x,\ \ t + |x|/c)$$
$$E_2 = (x_2, t_2) = (x\text{-}d,\ t + |x\text{-}d|/c)$$

Betrakta noga dessa formler och bilden Fig. 06.2.

Einsteins speciella relativitetsteori – matematiska och fysikaliska misstag!

Beräkning av längden i två referenssystem stillastående gentemot varandra

Vi ska nu göra beräkningar för att se hur längden registreras i de två referenssystem, LTR_1 och LTR_2.

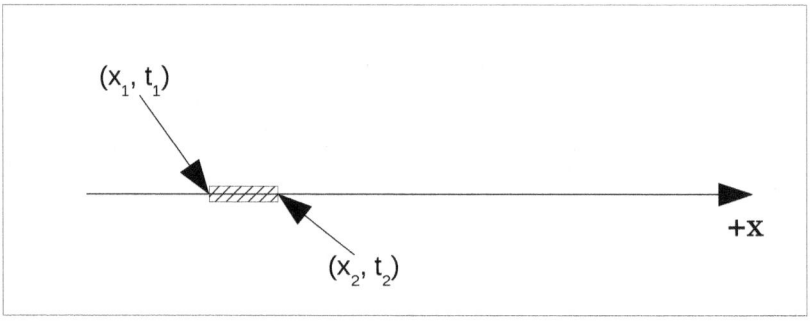

Fig. 06.3

Vi behandlar två händelser där $x_2-x_1 = d_0$, $d_0 > 0$, och $t_2 = t_1 = t_0$, $t_0 > 0$.

Einsteins speciella relativitetsteori – matematiska och fysikaliska misstag!

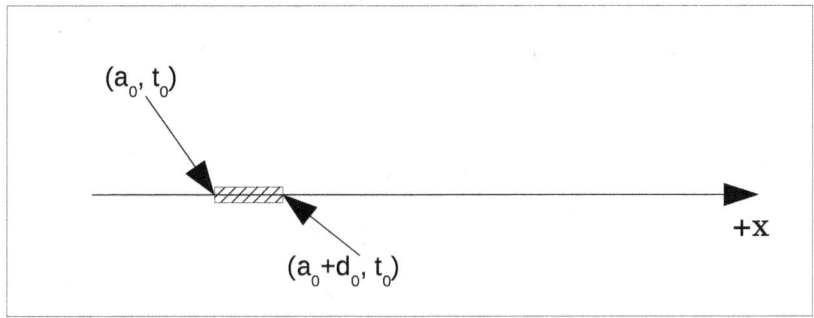

Fig. 06.4

Vi placerar 'staven', de två händelser, på x-axeln och beräknar längden L_1 i LTR_1 och längden L_2 i LTR_2.

Detta visar vi grafiskt för varje fall för att enklare se var någonstans befinner sig de två händelser gentemot LTR_1 och LTR_2.

Einsteins speciella relativitetsteori – matematiska och fysikaliska misstag!

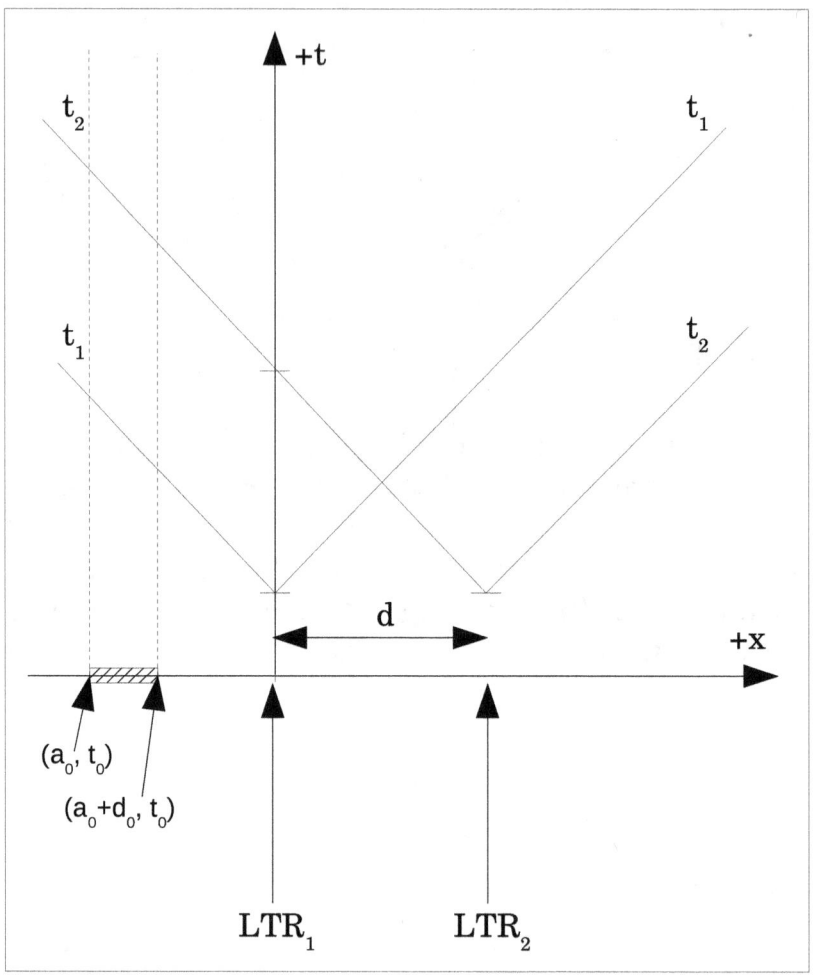

Fig. 06.5

Einsteins speciella relativitetsteori – matematiska och fysikaliska misstag!

I Fig. 06.5 befinner vi oss med båda händelser i
Experiment 02.

Koordinater 02:
$E_1 = (x_1, t_1) = (a, t-a/c)$
$E_2 = (x_2, t_2) = (a-d, t+(-a+d)/c)$

I formlerna för koordinater använder vi endast en
index så att formlerna stämmer exakt med de från
motsvarande exempel!

Men när vi beräknar 'stavens' längd måste vi tänka på
att vi har två händelser för varje koordinatsystem!

Vi ersätter de generella koordinater med de konkreta
från bilden Fig. 06.4.
När vi beräknar längden tar vi alltid den högra
x-koordinaten minus den vänstra x-koordinaten.

$L_1 = x_{12}-x_{11} = (a_0+d_0)-(a_0) = d_0$

$L_2 = x_{22}-x_{21} = (a_0+d_0-d)-(a_0-d) = d_0$

→ $L_1 = L_2 = d_0$

Einsteins speciella relativitetsteori – matematiska och fysikaliska misstag!

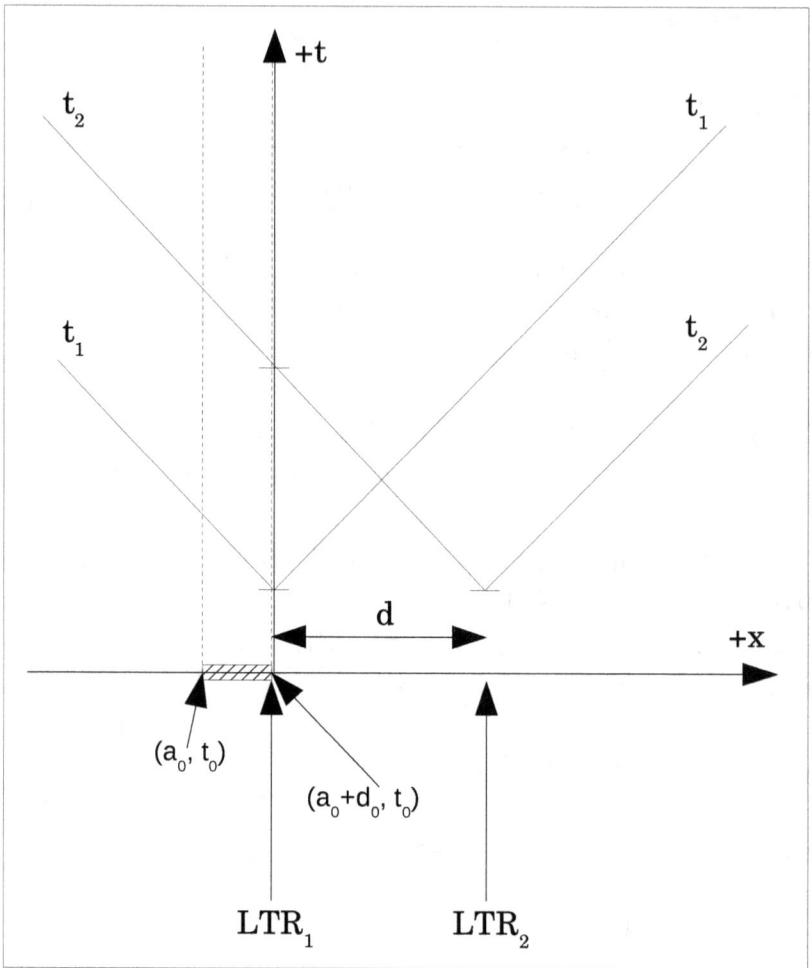

Fig. 06.6

I Fig. 06.6 befinner vi oss med händelsen E_1 i
Experiment 02 och med händelsen E_2 i *Experiment 03*.

Vi använder
Koordinater 02:
$$E_1 = (x_1, t_1) = (a, t-a/c)$$
$$E_2 = (x_2, t_2) = (a-d, t+(-a+d)/c)$$
och
Koordinater 03:
$$E_1 = (x_1, t_1) = (0, t)$$
$$E_2 = (x_2, t_2) = (-d, t+d/c)$$

$$L_1 = x_{12}-x_{11} = (0)-(a_0) = d_0$$

$$L_2 = x_{22}-x_{21} = (-d)-(a_0-d) = d_0$$

I beräkningen ovan använder vi att $a_0+d_0 = 0$.

→ $L_1 = L_2 = d_0$

Bortse från bildernas brister, de har jag ritat själv i LibreOffice Draw.

Einsteins speciella relativitetsteori – matematiska och fysikaliska misstag!

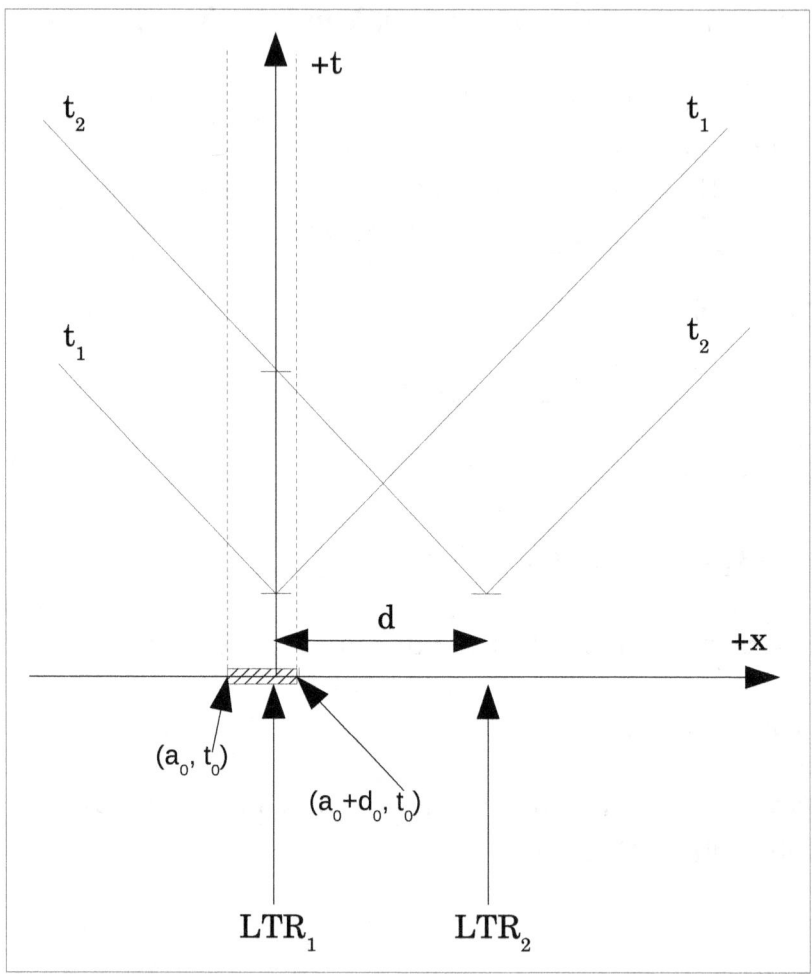

Fig. 06.7

I Fig. 06.7 befinner vi oss med händelsen E_1 i
Experiment 02 och med händelsen E_2 i *Experiment 04*.

Vi använder
Koordinater 02:
$$E_1 = (x_1, t_1) = (a, t-a/c)$$
$$E_2 = (x_2, t_2) = (a-d, t+(-a+d)/c)$$
och
Koordinater 04:
$$E_1 = (x_1, t_1) = (a, t+a/c)$$
$$E_2 = (x_2, t_2) = (-(d-a), t+(d-a)/c)$$

$$L_1 = x_{12}-x_{11} = (a_0+d_0)-(a_0) = d_0$$

$$L_2 = x_{22}-x_{21} = -(d-(a_0+d_0))-(a_0-d) = d_0$$

$$\to L_1 = L_2 = d_0$$

Einsteins speciella relativitetsteori – matematiska och fysikaliska misstag!

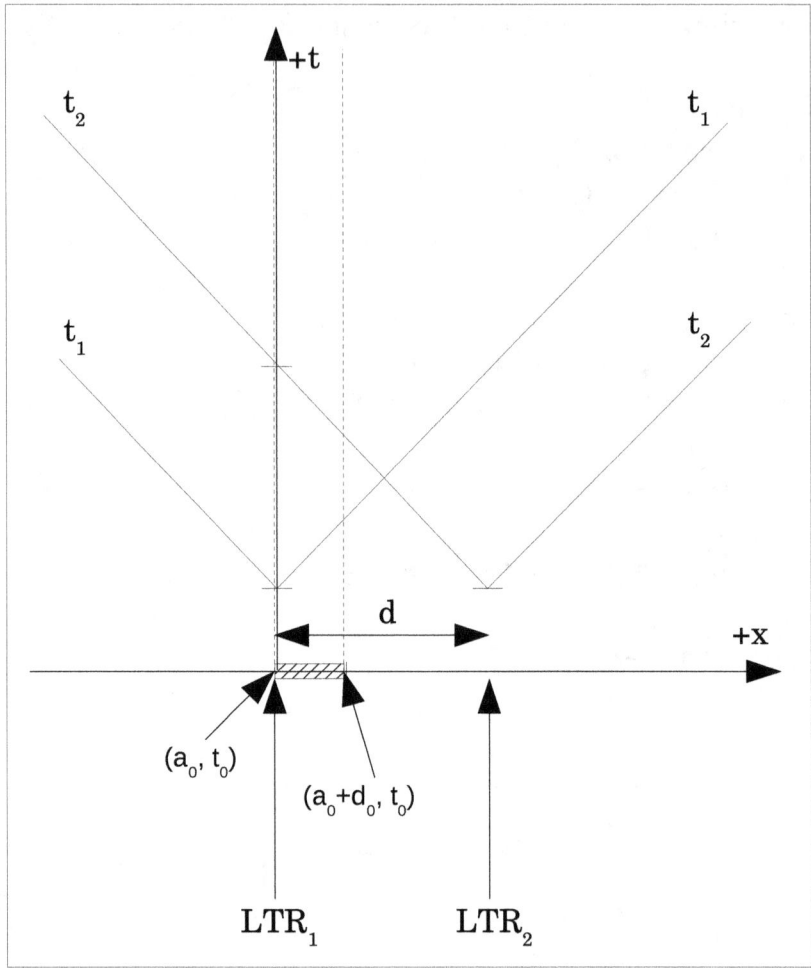

Fig. 06.8

I Fig. 06.8 befinner vi oss med händelsen E_1 i
Experiment 03 och med händelsen E_2 i *Experiment 04*.

Vi använder
Koordinater 03:
$$E_1 = (x_1, t_1) = (0, t)$$
$$E_2 = (x_2, t_2) = (-d, t+d/c)$$
och
Koordinater 04:
$$E_1 = (x_1, t_1) = (a, t+a/c)$$
$$E_2 = (x_2, t_2) = (-(d-a), t+(d-a)/c)$$

$$L_1 = x_{12}-x_{11} = (a_0+d_0)-(0) = d_0$$

$$L_2 = x_{22}-x_{21} = -(d-(a_0+d_0))-(-d) = d_0$$

Använder: $a_0 = 0$

$\rightarrow L_1 = L_2 = d_0$

Einsteins speciella relativitetsteori – matematiska och fysikaliska misstag!

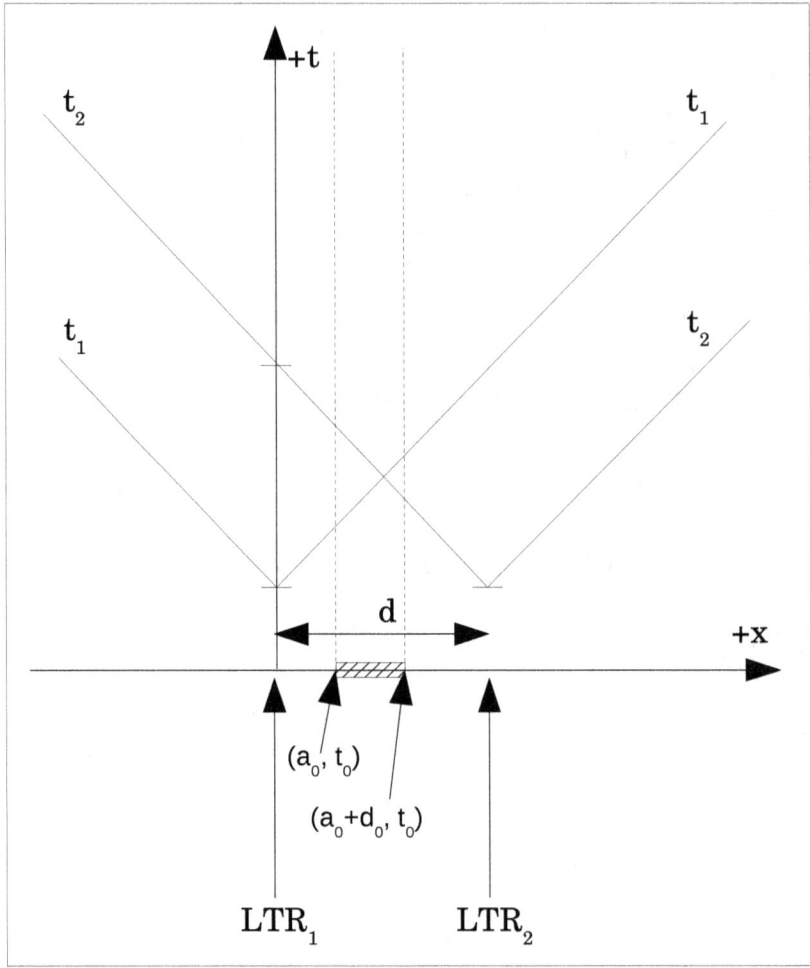

Fig. 06.9

I Fig. 06.9 befinner vi oss med båda händelser, E_1 och E_2, i *Experiment 04*.

Vi använder
Koordinater 04:
$$E_1 = (x_1, t_1) = (a, t+a/c)$$
$$E_2 = (x_2, t_2) = (-(d-a), t+(d-a)/c)$$

$$L_1 = x_{12}-x_{11} = (a_0+d_0)-(a_0) = d_0$$

$$L_2 = x_{22}-x_{21} = -(d-(a_0+d_0))-(-(d-a_0)) = d_0$$

$$\rightarrow L_1 = L_2 = d_0$$

Einsteins speciella relativitetsteori – matematiska och fysikaliska misstag!

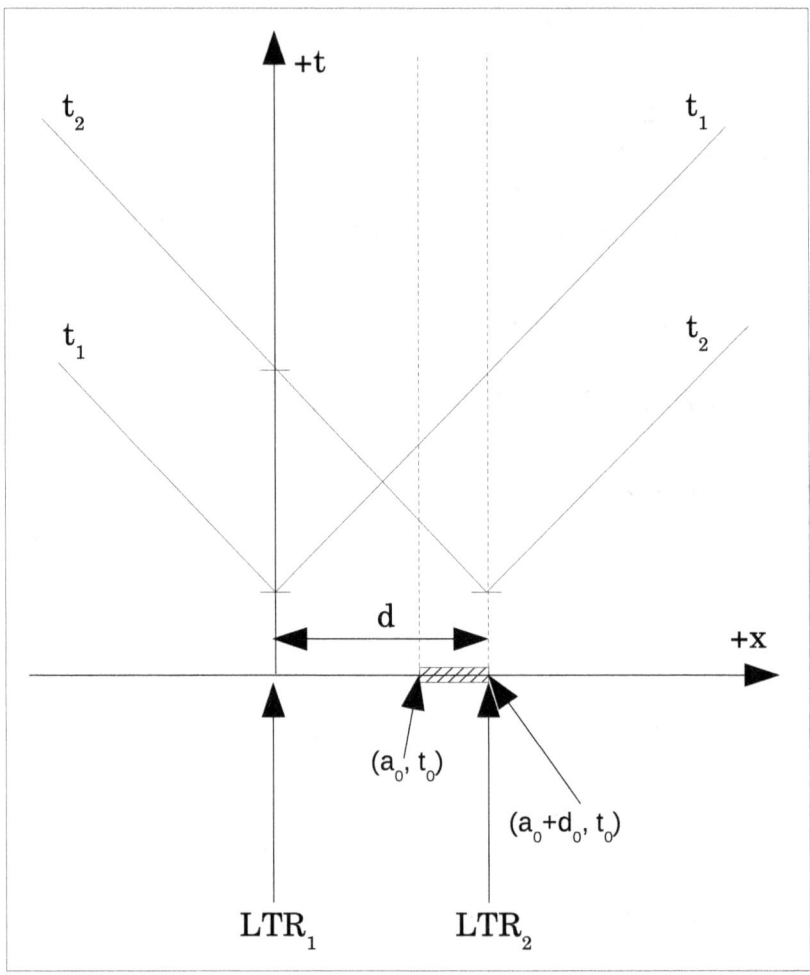

Fig. 06.10

I Fig. 06.10 befinner vi oss med händelsen E_1 i
Experiment 04 och E_2 i *Experiment 05*.

Vi använder
Koordinater 04:
$$E_1 = (x_1, t_1) = (a, t+a/c)$$
$$E_2 = (x_2, t_2) = (-(d-a), t+(d-a)/c)$$
och
Koordinater 05:
$$E_1 = (x_1, t_1) = (d, t+d/c)$$
$$E_2 = (x_2, t_2) = (0, t)$$

$$L_1 = x_{12}-x_{11} = (d)-(a_0) = d_0$$

$$L_2 = x_{22}-x_{21} = (0)-(-(d-a_0)) = d_0$$

Använder: $a_0+d_0 = d$

$\rightarrow L_1 = L_2 = d_0$

Einsteins speciella relativitetsteori – matematiska och fysikaliska misstag!

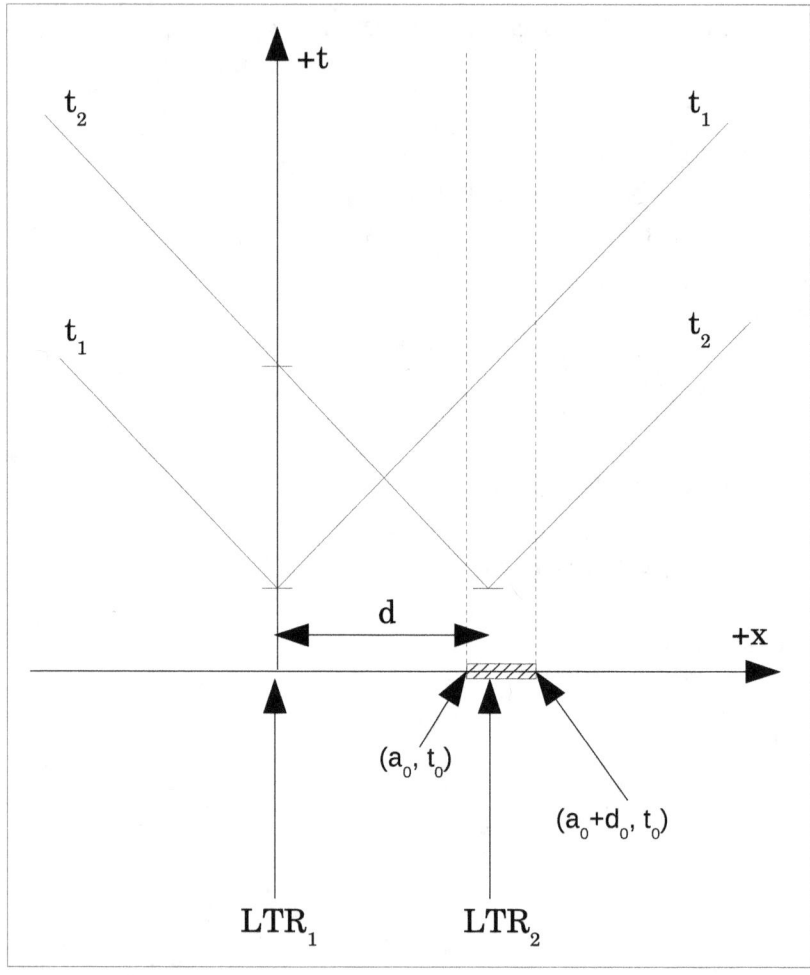

Fig. 06.11

I Fig. 06.11 befinner vi oss med händelsen E_1 i *Experiment 04* och E_2 i *Experiment 06*.

Vi använder
Koordinater 04:
$$E_1 = (x_1, t_1) = (a, t+a/c)$$
$$E_2 = (x_2, t_2) = (-(d-a), t+(d-a)/c)$$
och
Koordinater 06:
$$E_1 = (x_1, t_1) = (a, t+a/c)$$
$$E_2 = (x_2, t_2) = (a-d, t+(a-d)/c)$$

$$L_1 = x_{12}-x_{11} = (a_0+d_0)-(a_0) = d_0$$

$$L_2 = x_{22}-x_{21} = (a_0+d_0-d)-(-(d-a_0)) = d_0$$

$$\rightarrow L_1 = L_2 = d_0$$

Einsteins speciella relativitetsteori – matematiska och fysikaliska misstag!

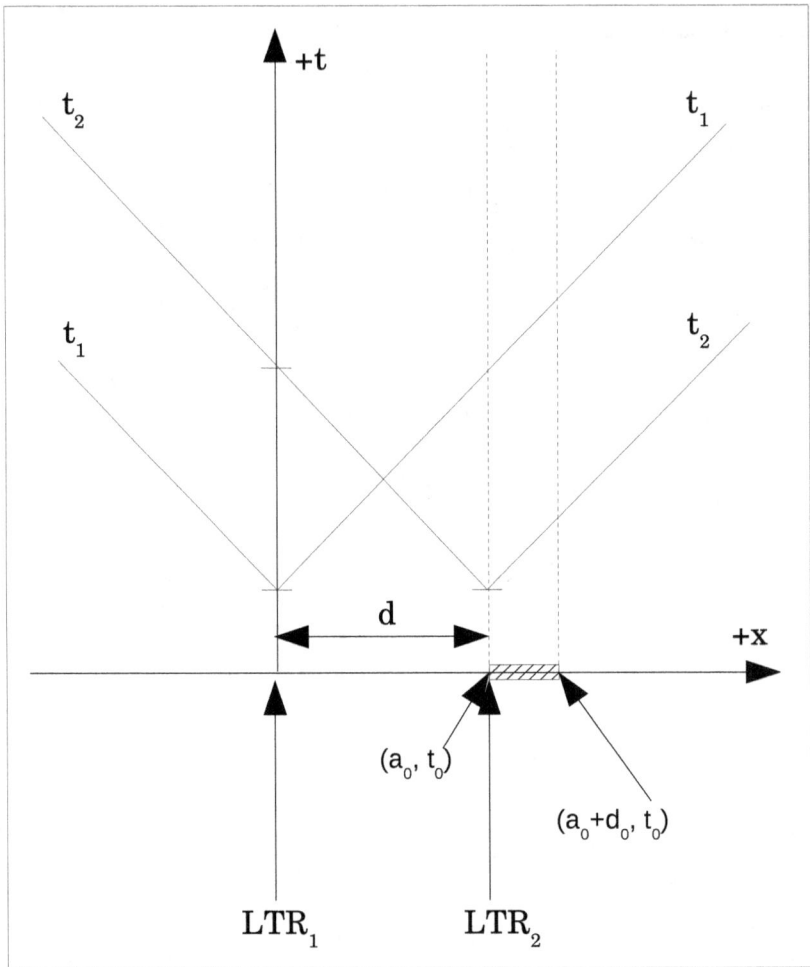

Fig. 06.12

I Fig. 06.12 befinner vi oss med händelsen E_1 i *Experiment 05* och E_2 i *Experiment 06*.

Vi använder
Koordinater 05:
$$E_1 = (x_1, t_1) = (d, t+d/c)$$
$$E_2 = (x_2, t_2) = (0, t)$$
och
Koordinater 06:
$$E_1 = (x_1, t_1) = (a, t+a/c)$$
$$E_2 = (x_2, t_2) = (a-d, t+(a-d)/c)$$

$$L_1 = x_{12}-x_{11} = (a_0+d_0)-(d) = d_0$$

$$L_2 = x_{22}-x_{21} = (a_0+d_0-d)-(0) = d_0$$

Använder: $a_0 = d$

$\rightarrow L_1 = L_2 = d_0$

Einsteins speciella relativitetsteori – matematiska och fysikaliska misstag!

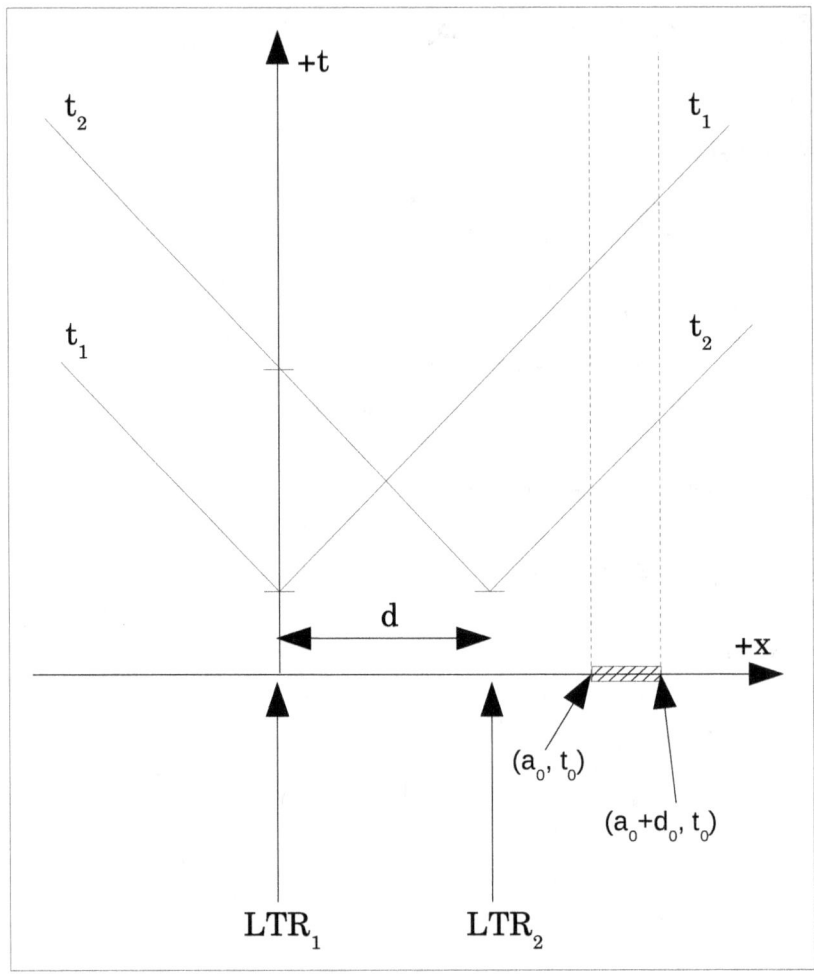

Fig. 06.13

Einsteins speciella relativitetsteori – matematiska och fysikaliska misstag!

I Fig. 06.13 befinner vi oss med båda händelser, E_1 och E_2, i *Experiment 06*.

Vi använder
Koordinater 06:
$$E_1 = (x_1, t_1) = (a, t+a/c)$$
$$E_2 = (x_2, t_2) = (a-d, t+(a-d)/c)$$

$$L_1 = x_{12}-x_{11} = (a_0+d_0)-(a_0) = d_0$$

$$L_2 = x_{22}-x_{21} = (a_0+d_0-d)-(a_0-d) = d_0$$

$$\rightarrow L_1 = L_2 = d_0$$

Einsteins speciella relativitetsteori – matematiska och fysikaliska misstag!

Vi har använt *nio* olika fall för att beräkna 'stavens' längd. Här kommer sammanställning av dessa beräkningar.

Experiment 02: $\qquad$ $L_1 = L_2 = d_0$

Experiment 02, 03: $\qquad$ $L_1 = L_2 = d_0$

Experiment 02, 04: $\qquad$ $L_1 = L_2 = d_0$

Experiment 03, 04: $\qquad$ $L_1 = L_2 = d_0$

Experiment 04: $\qquad$ $L_1 = L_2 = d_0$

Experiment 04, 05: $\qquad$ $L_1 = L_2 = d_0$

Experiment 04, 06: $\qquad$ $L_1 = L_2 = d_0$

Experiment 05, 06: $\qquad$ $L_1 = L_2 = d_0$

Experiment 06: $\qquad$ $L_1 = L_2 = d_0$

Vi ser att 'stavens' längd har samma värde i båda referenssystem.

Ingen är överraskad att det är så ... eller?

Einsteins speciella relativitetsteori – matematiska och fysikaliska misstag!

Beräkning av tidsintervall i två referenssystem stillastående gentemot varandra

Vi gör nu beräkning av tidsintervall, de två händelser har samma x-koordinat men $t_2-t_1 = t_0$, $t_0 > 0$.

Dessa beräkningar gör vi för *Experiment 02, 03, 04, 05, 06*.

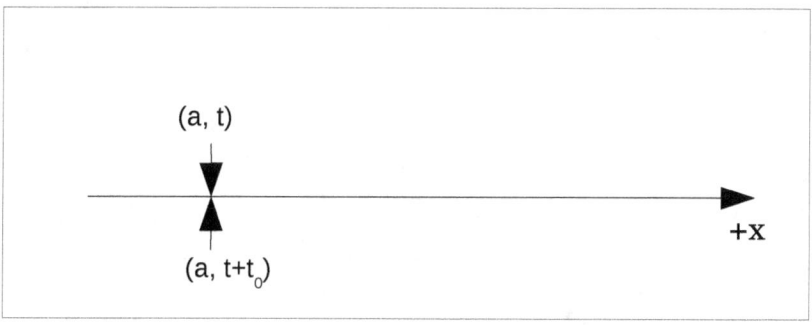

Fig. 06.15

För varje experiment beräknar vi tidsintervallet T_1 för LTR_1 och tidsintervallet T_2 för LTR_2.

Einsteins speciella relativitetsteori – matematiska och fysikaliska misstag!

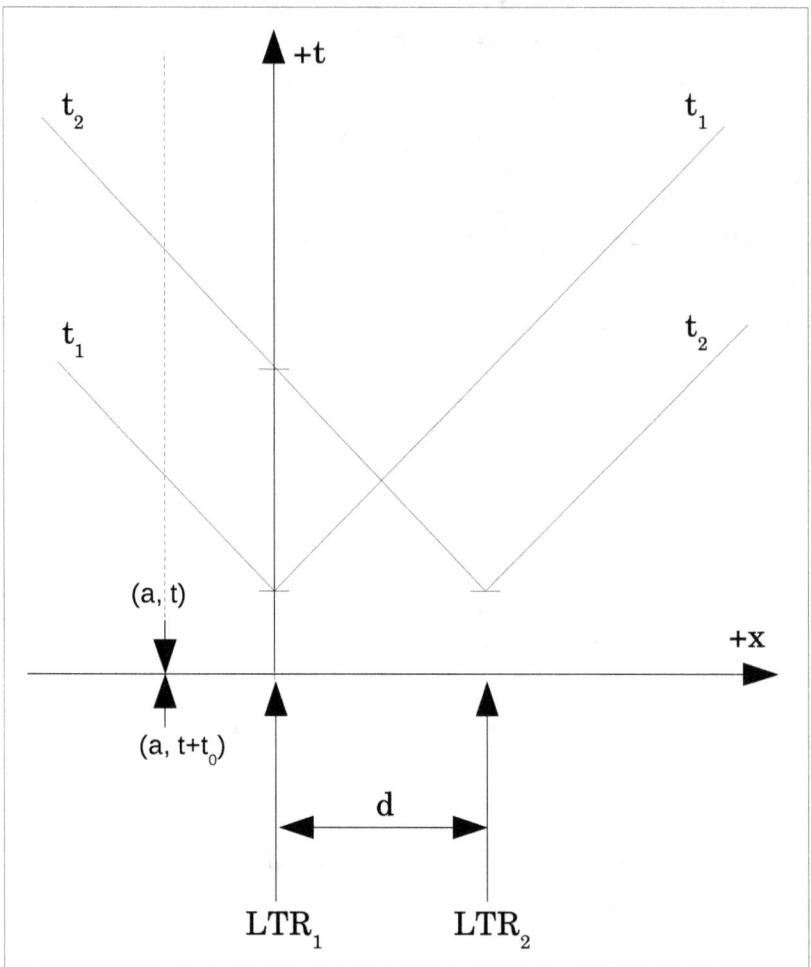

Fig. 06.16

I Fig. 06.16 befinner vi oss med båda händelser i
Experiment 02.

Koordinater 02:

$E_1 = (x_1, t_1) = (a, t-a/c)$
$E_2 = (x_2, t_2) = (a-d, t+(-a+d)/c)$

I formlerna för koordinater använder vi endast en index så att formlerna stämmer exakt med de från motsvarande experiment!
Men när vi beräknar tidsintervall måste vi tänka på att vi har två händelser för varje koordinatsystem!

Vi ersätter de generella koordinater med de konkreta från bilden Fig. 06.15.

$T_1 = t_{12}-t_{11} = (t+t_0-a/c)-(t-a/c) = t_0$

$T_2 = t_{22}-t_{21} = (t+t_0+(-a+d)/c)-(t+(-a+d)/c) = t_0$

$\rightarrow T_1 = T_2 = t_0$

Einsteins speciella relativitetsteori – matematiska och fysikaliska misstag!

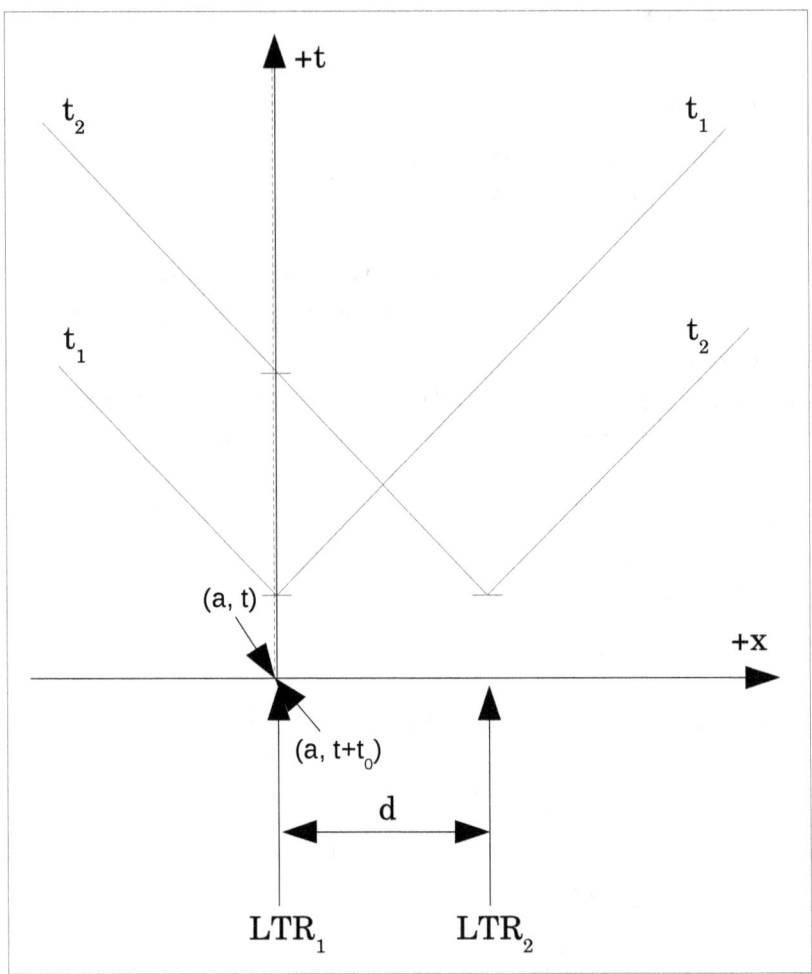

Fig. 06.17

I Fig. 06.17 befinner vi oss med båda händelser i
Experiment 03.

Koordinater 03:
$$E_1 = (x_1, t_1) = (0, t)$$
$$E_2 = (x_2, t_2) = (-d, t+d/c)$$

$$T_1 = t_{12}-t_{11} = (t+t_0)-(t) = t_0$$

$$T_2 = t_{22}-t_{21} = (t+t_0+d/c)-(t+d/c) = t_0$$

$$\rightarrow T_1 = T_2 = t_0$$

Einsteins speciella relativitetsteori – matematiska och fysikaliska misstag!

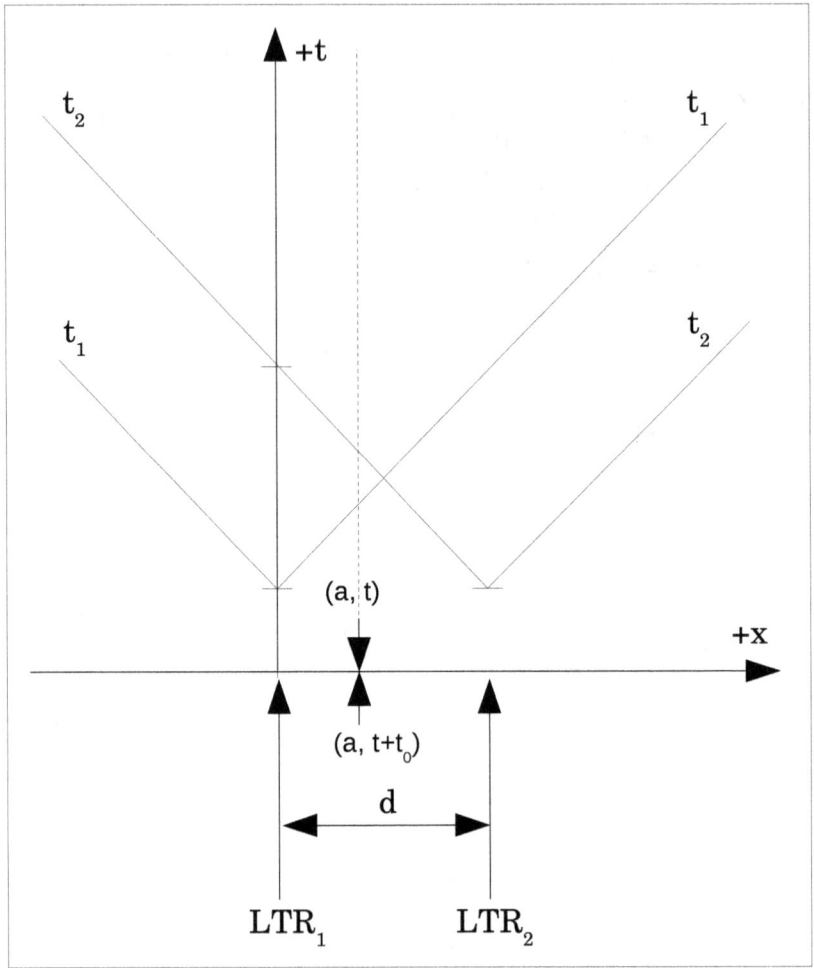

Fig. 06.18

I Fig. 06.18 befinner vi oss med båda händelser i *Experiment 04*.

Koordinater 04:
$$E_1 = (x_1, t_1) = (a, t+a/c)$$
$$E_2 = (x_2, t_2) = (-(d-a), t+(d-a)/c)$$

$$T_1 = t_{12}-t_{11} = (t+t_0+a/c)-(t+a/c) = t_0$$

$$T_2 = t_{22}-t_{21} = (t+t_0+(d-a)/c)-(t+(d-a)/c) = t_0$$

$$\rightarrow T_1 = T_2 = t_0$$

Einsteins speciella relativitetsteori – matematiska och fysikaliska misstag!

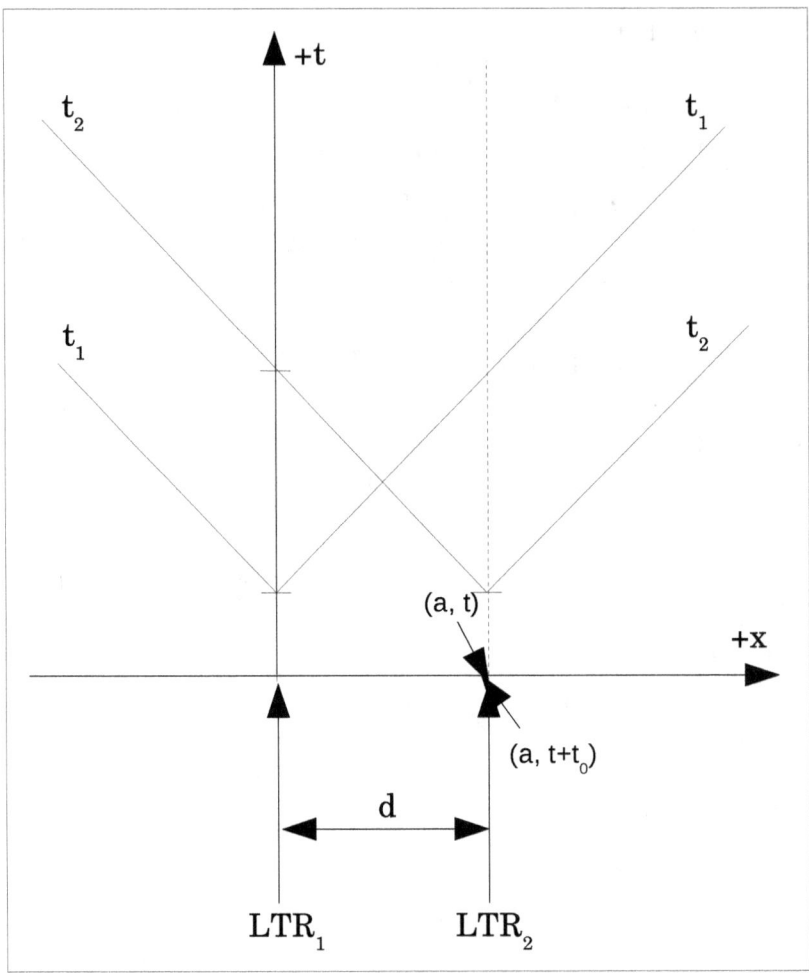

Fig. 06.19

I Fig. 06.19 befinner vi oss med båda händelser i *Experiment 05*.

Koordinater 05:
$$E_1 = (x_1, t_1) = (d, t+d/c)$$
$$E_2 = (x_2, t_2) = (0, t)$$

$$T_1 = t_{12}-t_{11} = (t+t_0+d/c)-(t+d/c) = t_0$$

$$T_2 = t_{22}-t_{21} = (t+t_0)-(t) = t_0$$

$$\rightarrow T_1 = T_2 = t_0$$

Einsteins speciella relativitetsteori – matematiska och fysikaliska misstag!

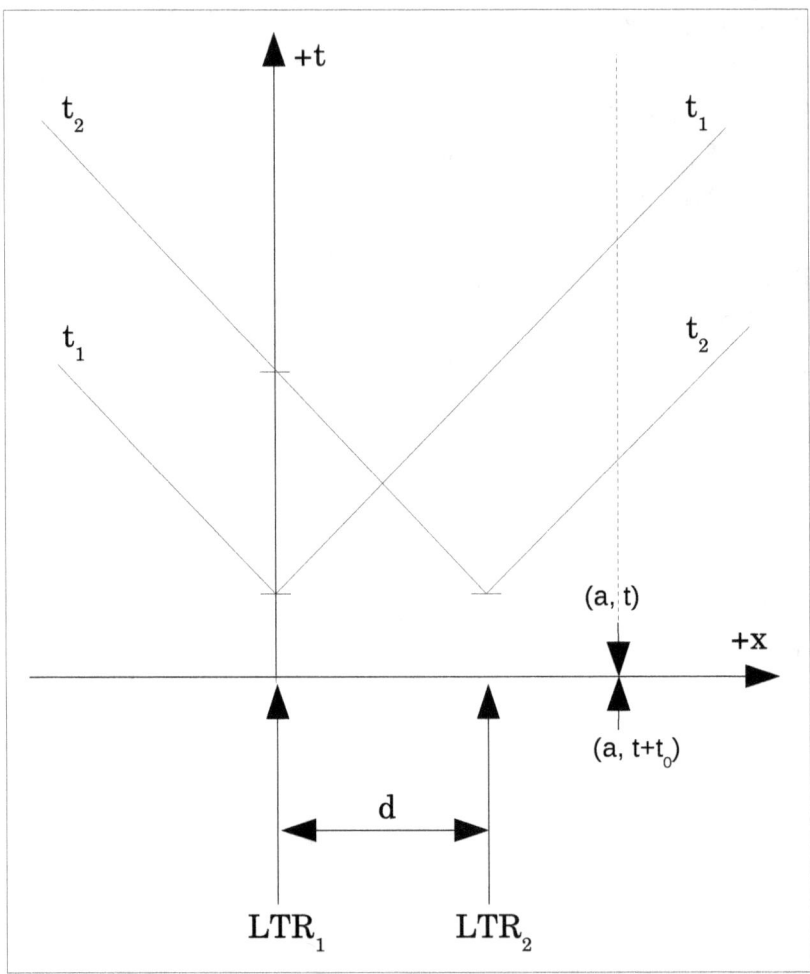

Fig. 06.20

I Fig. 06.20 befinner vi oss med båda händelser i *Experiment 06*.

Koordinater 06:
$$E_1 = (x_1, t_1) = (a, t+a/c)$$
$$E_2 = (x_2, t_2) = (a-d, t+(a-d)/c)$$

$$T_1 = t_{12}-t_{11} = (t+t_0+a/c)-(t+a/c) = t_0$$

$$T_2 = t_{22}-t_{21} = (t+t_0+(a-d)/c)-(t+(a-d)/c) = t_0$$

→ $T_1 = T_2 = t_0$

Sammanfattning

Experiment 02	$T_1 = T_2 = t_0$
Experiment 03	$T_1 = T_2 = t_0$
Experiment 04	$T_1 = T_2 = t_0$
Experiment 05	$T_1 = T_2 = t_0$
Experiment 06	$T_1 = T_2 = t_0$

Tidsintervallet för de två händelser är lika i båda koordinatsystem.

Det här är häller ingen överraskning ... eller?

*Detta innebär att om vi har ett referenssystem LTR_0
som har en klocka (regelbundet tickande =
tidsintervall) då kan alla andra referenssystem
(stillastående gentemot LTR_0) registrera signaler från
LTR_0 och använda dem som sin egen klocka!*

Händelser och transformationer när det ena referenssystemet är i rörelse

Nedan utför vi liknande beräkningar som de i experiment 02-06 men denna gången rör sig LTR_2 gentemot LTR_1 med konstant hastighet $v > 0$ mot +x-axeln.

Vi har tre inertiala referenssystem LTR_1, LTR_2 och LTR. LTR är stillastående gentemot LTR_1. I början av experimentet befinner sig LTR_2 i samma punkt som LTR_1 och då synkroniseras deras klockor. Vid t tiden uppstår en händelse i LTR. LTR befinner sig någonstans på x-axeln. Vi betecknar denna händelse med E = (a, t). LTR_2 har i början koordinater (0, 0). När händelsen E inträffar är LTR_2 = (vt, t). Och när ljussignalen från LTR når LTR_2 då är
LTR_2 = (vt+a', t+t'). Ha detta i åtanke hela tiden när vi gör våra experiment.

I dessa fall anger vi två ritningar, den första när händelsen E inträffar och den andra när LTR_1 och LTR_2 registrerat händelsen från LTR. OBS! Detta innebär inte att LTR_1 och LTR_2 har registrerat händelsen samtidigt.

I dessa följande experiment är avståndet mellan LTR_1

och LTR_2 då händelsen E i LTR inträffar inte konstant utan är lika med vt.

Experiment 07:

Vi utgår från experiment 02. LTR_2 rör sig med konstant hastighet $v > 0$ mot +x-axeln. För att beräkna t-koordinaten i dessa exempel måste vi ta hänsyn till att LTR_2 är i rörelse.

LTR, LTR_1, LTR_2

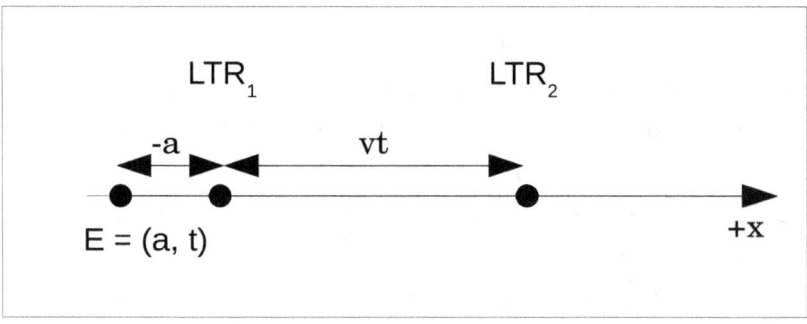

Fig. 07.1

LTR befinner sig vänster om LTR_1 på ett avstånd $-a > 0$. E = (a, t).

Vi betecknar med t' tiden som ljussignalen från LTR

behöver för att nå LTR$_2$. Under denna tid hinner LTR$_2$ förflytta sig med a'. När ljussignalen når LTR$_2$, är avståndet till LTR lika med $-a+vt+a'$. Tiden som ljuset behöver för att avverka detta avstånd är $(-a+vt+a')/c$ och är samma tid som LTR$_2$ behöver för att avverka sträckan a'.

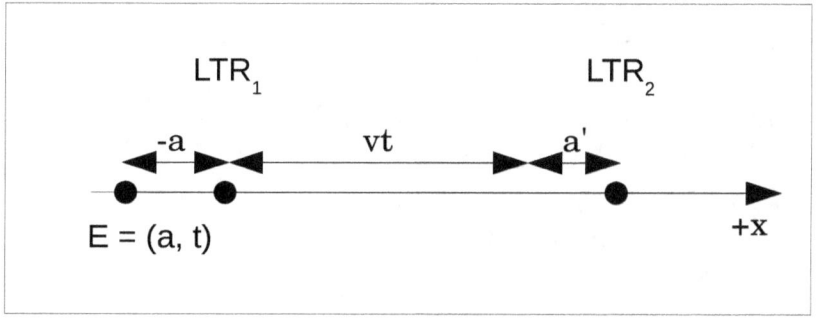

Fig. 07.2

$$t' = (-a+vt+a')/c = a'/v$$

och härifrån får vi
$$a' = (v/(c-v))(-a+vt)$$
$$t' = (1/(c-v))(-a+vt)$$

Koordinater 07:
$$E_1 = (x_1, t_1) = (a, t-a/c)$$
$$E_2 = (x_2, t_2) = (a-vt-a', t+t')$$

Transformationer 07:

$$E_1 = (x_2+vt+a', t_2-a/c-t')$$
$$E_2 = (x_1-vt-a', t_1+a/c+t')$$

Samtidighet 07:

$t_1 = t_2 \rightarrow t-a/c = t+(1/(c-v))(-a+vt) \rightarrow a > 0$

Experiment 08:

Vi utgår från experiment 03. LTR_2 rör sig med hastighet $v > 0$ åt höger.

$LTR=LTR_1, LTR_2$
$E = (a, t), a = 0$

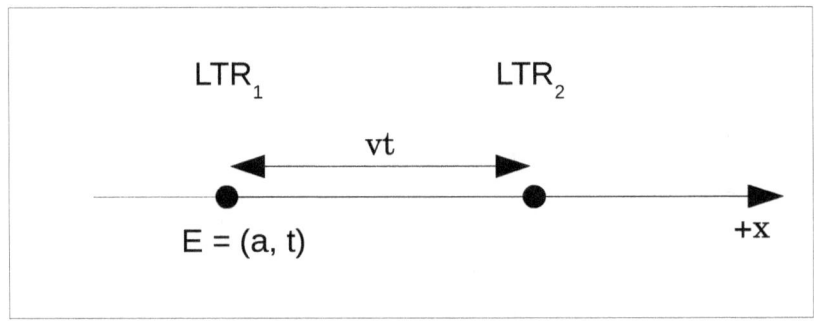

Fig. 08.1

Vi betecknar med t' tiden som ljussignalen från LTR behöver för att nå LTR_2.

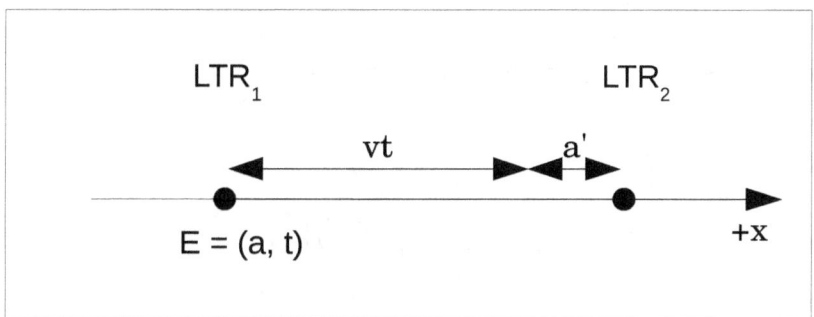

Fig. 08.2

Under denna tid hinner LTR_2 förflytta sig med a'. När ljussignalen når LTR_2, är avståndet till LTR lika med $vt+a'$. Tiden är

$$t' = (vt+a')/c = a'/v$$

och härifrån får vi
$$a' = (v/(c-v))(vt)$$
$$t' = (1/(c-v))(vt)$$

Koordinater 08:
$$E_1 = (x_1, t_1) = (0, t)$$
$$E_2 = (x_2, t_2) = (-vt-a', t+t')$$

Transformationer 08:

$E_1 = (x_2+vt+a', t_2-t')$
$E_2 = (x_1-vt-a', t_1+t')$

Samtidighet 08:

$t_1 = t_2 \rightarrow t = t+(1/(c-v))(vt) \rightarrow vt = 0$

Experiment 09:

Vi utgår från experiment 04. $v > 0, 0 < a < vt$

LTR_1, LTR, LTR_2
$E = (a, t)$

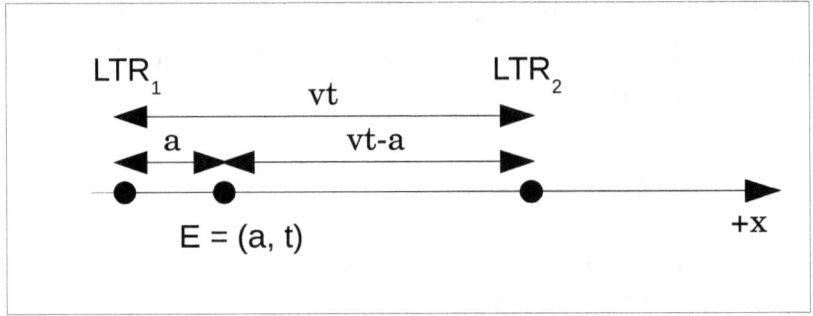

Fig. 09.1

Vi betecknar med t' tiden som ljussignalen från LTR behöver för att nå LTR_2. Under denna tid hinner LTR_2 förflytta sig med a'.

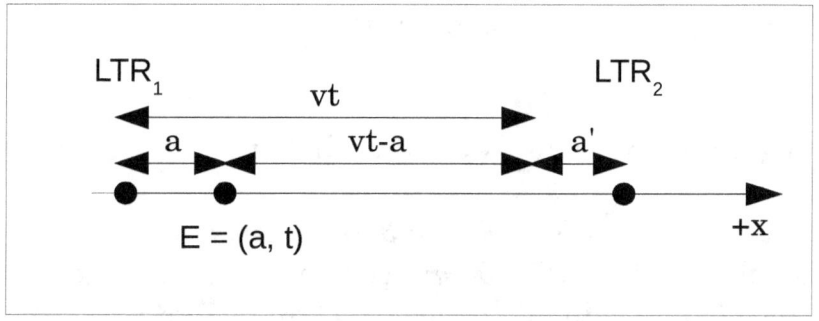

Fig. 09.2

När ljussignalen når LTR_2, är avståndet till LTR lika med *vt-a+a'*. Tiden är

$$t' = (vt-a+a')/c = a'/v$$

och härifrån får vi
$$a' = (v/(c-v))(vt-a)$$
$$t' = (1/(c-v))(vt-a)$$

Koordinater 09:
$$E_1 = (x_1, t_1) = (a, t+a/c)$$
$$E_2 = (x_2, t_2) = (a-vt-a', t+t')$$

Transformationer 09:
$$E_1 = (x_2+vt+a', t_2+a/c-t')$$
$$E_2 = (x_1-vt-a', t_1-a/c+t')$$

Samtidighet 09:

$t_1 = t_2 \rightarrow t+a/c = t+(1/(c-v))(vt-a) \rightarrow$
$a = cvt/(2c-v)$

Vi ger här tre exempel på samtidighet:

Om $t = 1\ s, v = 30\ km/s, c = 300\ 000\ km/s$.
Då blir $a = 15,00075004\ km$ och det är lite åt höger (med 75 cm) från mitten av sträckan mellan LTR_1 och LTR_2 som är 30 km för $t = 1$.

Om $t = 10\ s, v = 30\ km/s, c = 300\ 000\ km/s$
får vi:
Avstånd mellan LTR_1 och LTR_2 är 300 km.
$a = 150,0075004\ km$

Om $t = 10\ s, v = 60\ km/s, c = 300\ 000\ km/s$
får vi: Avstånd mellan LTR_1 och LTR_2 är 600 km.
$a = 300,030003\ km$

Experiment 10:

Vi utgår från experiment 05. LTR_2 rör sig med hastighet $v > 0$ åt +x-axel.

$LTR_1, LTR_2=LTR$
$E = (a, t), a = vt > 0$

Einsteins speciella relativitetsteori – matematiska och fysikaliska misstag!

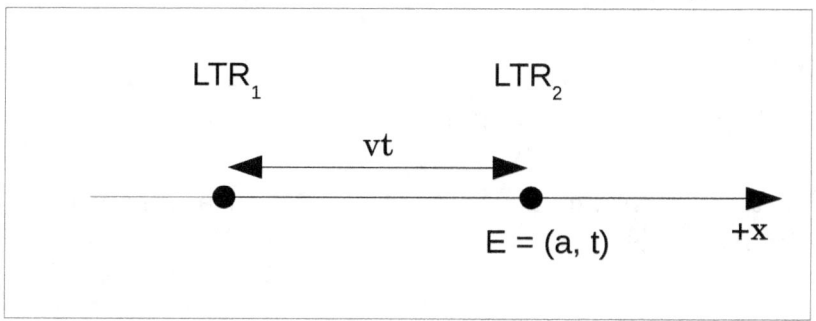

Fig. 10.1

Koordinater 10:
$$E_1 = (x_1, t_1) = (a, t+a/c)$$
$$E_2 = (x_2, t_2) = (0, t)$$

Transformationer 10:
$$E_1 = (x_2+vt, t_2+a/c)$$
$$E_2 = (x_1-vt, t_1-a/c)$$

Samtidighet 10:
$$t_1 = t_2 \rightarrow t+a/c = t \rightarrow a = 0$$

Experiment 11:

Vi utgår från experiment 06. LTR_2 rör sig med hastighet $v > 0$ åt +x-axel.

Detta experiment är mest intressant av alla som vi hittills utfört!

LTR_1, LTR_2, LTR
$E = (a, t), 0 < vt < a$

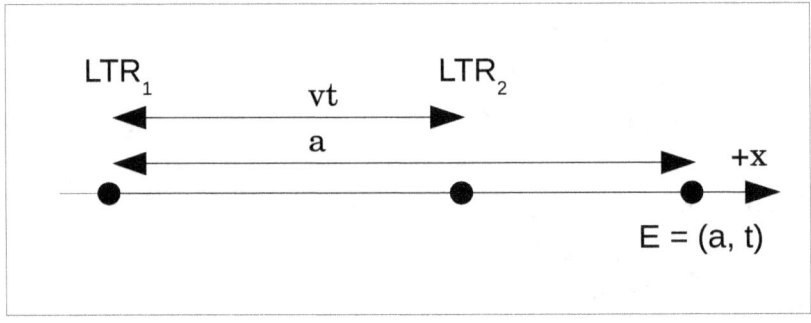

Fig. 11.1

Vi betecknar med t' tiden ljussignalen från LTR behöver för att nå LTR_2.

Under denna tid hinner LTR2 förflytta sig med a'. När ljussignalen når LTR_2, är avstånd till LTR lika med a-vt-a'.

Einsteins speciella relativitetsteori – matematiska och fysikaliska misstag!

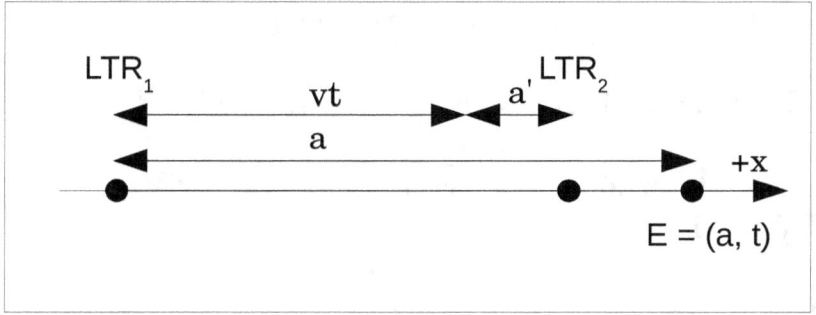

Fig. 11.2

Tiden är

$$t' = (a-vt-a')/c = a'/v$$

och härifrån får vi
$$a' = (v/(c+v))/(a-vt)$$
$$t' = (1/(c+v))/(a-vt)$$

Koordinater 11:
$$E_1 = (x_1, t_1) = (a, t+a/c)$$
$$E_2 = (x_2, t_2) = (a-vt-a', t+t')$$

Transformationer 11:
$$E_1 = (x_2+vt+a', t_2+a/c-t')$$
$$E_2 = (x_1-vt-a', t_1-a/c+t')$$

Samtidighet 11:
$t_1 = t_2 \to t+a/c = t+(1/(c+v))/(a-vt) \to a < 0$

Vi sammanställer experiment 07-11.

Koordinater för händelsen E så som de registrerats i LTR_1 och LTR_2 :

07:    $E_1 = (x_1, t_1) = (a, t+|a|/c)$ $a < 0 < vt$
07:    $E_2 = (x_2, t_2) = (a-vt-a', t+t')$ $a < 0 < vt$

08:    $E_1 = (x_1, t_1) = (a, t+a/c)$ $0 = a < vt$
08:    $E_2 = (x_2, t_2) = (a-vt-a', t+t')$ $0 = a < vt$

09:    $E_1 = (x_1, t_1) = (a, t+a/c)$ $0 < a < vt$
09:    $E_2 = (x_2, t_2) = (a-vt-a', t+t')$ $0 < a < vt$

10:    $E_1 = (x_1, t_1) = (a, t+a/c)$ $0 < a = vt$
10:    $E_2 = (x_2, t_2) = (a-vt-a', t+t')$ $0 < a = vt$
11:    $E_1 = (x_1, t_1) = (a, t+a/c)$ $0 < vt < a$
11:    $E_2 = (x_2, t_2) = (a-vt-a', t+t')$ $0 < vt < a$

Generellt kan vi skriva:
$E_1 = (x_1, t_1) = (x, t+|x|/c)$
$E_2 = (x_2, t_2) = (x-vt-x', t + t')$
där $t' = |x-vt-x'|/c$.

Vi ser att i båda referenssystem, LTR$_1$ och LTR$_2$, beräknas t-koordinaten med hjälp av
|x|-funktionen (absolut värde) som innebär att transformationer INTE är linjära!

Vi sammanställer a' och t' från experiment 07-11.

07: $a' = (v/(c-v))(-a+vt)$ $a < 0 < vt$
08: $a' = (v/(c-v))(-a+vt)$ $0 = a < vt$
09: $a' = (v/(c-v))(-a+vt)$ $0 < a < vt$
10: $a' = (v/(c-v))(-a+vt)$ $0 < a = vt$

11: $a' = (v/(\mathbf{c+v}))/(a-vt)$ $0 < vt < a$

07: $t' = (1/(c-v))(-a+vt)$ $a < 0 < vt$
08: $t' = (1/(c-v))(-a+vt)$ $0 = a < vt$
09: $t' = (1/(c-v))(-a+vt)$ $0 < a < vt$
10: $t' = (1/(c-v))(-a+vt)$ $0 < a = vt$
11: $t' = (1/(\mathbf{c+v}))/(a-vt)$ $0 < vt < a$

Formlerna för a' och t' är lika i experiment 07-10 men skiljer sig från den i experiment 11. Det är ganska logiskt om man tänker att i experiment 07-10 befinner sig LTR bakom LTR$_2$ (avseende LTR$_2$'s rörelseriktning) men att i experiment 11 är LTR framför LTR$_2$.
Nu kan vi skriva de generella uttryck för a' och t':

Einsteins speciella relativitetsteori – matematiska och fysikaliska misstag!

07-10: $\quad$ x' = (v/(c-v))(-x+vt)
$\qquad$ t' = (1/(c-v))(-x+vt)

Då blir koordinater för E_1 och E_2 följande:
07-10:
E_1 = (x_1, t_1) = (x, t+ |x|/c)
E_2 = (x_2, t_2) =
$\quad$ = (x-vt-(v/(c-v))(-x+vt), t + (1/(c-v))(-x+vt) =
$\quad$ = ((c/(c-v))(x-vt), (ct-x)/(c-v))

11: $\quad$ x' = (v/(**c+v**))/(x-vt)
$\qquad$ t' = (1/(**c+v**))/(x-vt)

11:
E_1 = (x_1, t_1) = (x, t+x/c)
E_2 = (x_2, t_2) =
$\quad$ = (x-vt-(v/(**c+v**))/(x-vt), t + (1/(**c+v**))/(x-vt) =
$\quad$ = ((c/(**c+v**))(x-vt), (ct+x)/(**c+v**))

Man kan få grafisk representation av t_1 och t_2
i experiment 07-10, t = 1 s, v = 30 km/s
med
 plot
1+abs(x)/300000 and 1+(1/(300000-30))(-x+30)
for x from -10 to 30

Einsteins speciella relativitetsteori – matematiska och fysikaliska misstag!

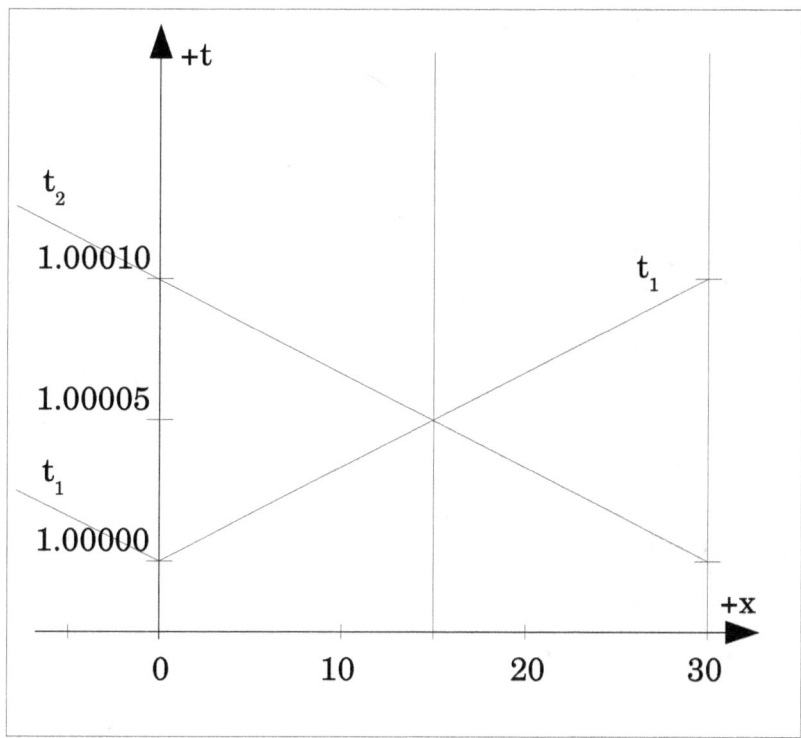

Fig. 12.1

och i experiment 11
plot
1+x/300000 and 1+(1/(300000+30))(x-30)
for x from 30 to 60

Einsteins speciella relativitetsteori – matematiska och fysikaliska misstag!

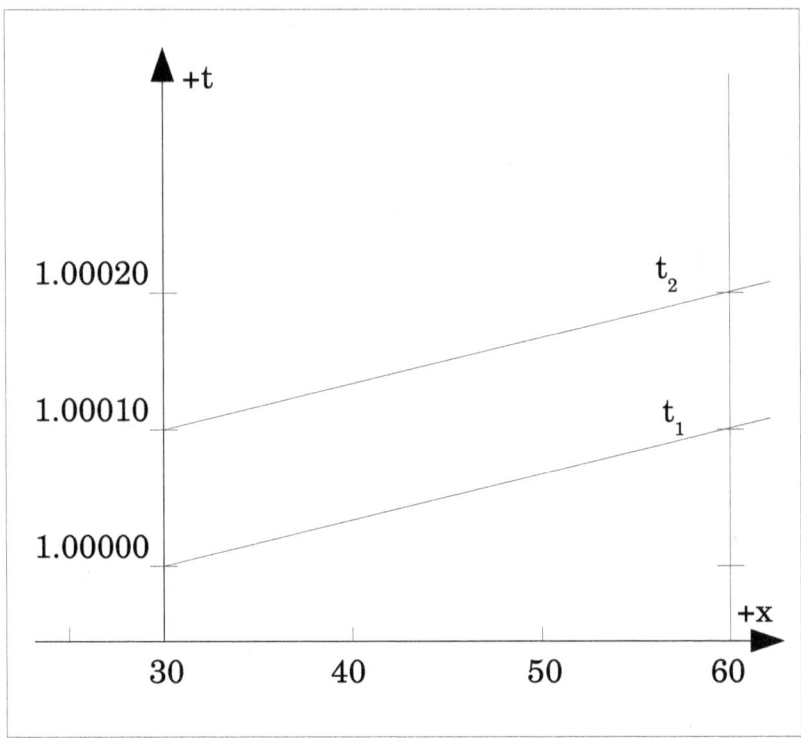

Fig. 12.2

Koordinaterna t_1 och t_2 som funktioner av x har sin egen brytpunkt.

t_1 (x) har brytpunkt i $x = 0$ för alla experiment,
02-11
t_2 (x) har brytpunkt i $x = d$ för alla experiment,

02-06

t_2 (x) har brytpunkt i $x = vt$ för alla experiment,
07-11

Nedan visar vi transformationerna mellan LTR1 och LTR2.

Transformationer 07-11:
07:   $E_1 = (x_2+vt+a', t_2+a/c-t')$ a < 0 < vt
07:   $E_2 = (x_1-vt-a', t_1-a/c+t')$ a < 0 < vt

08:   $E_1 = (x_2+vt+a', t_2+a/c-t')$ 0 = a < vt
08:   $E_2 = (x_1-vt-a', t_1-a/c+t')$ 0 = a < vt

09:   $E_1 = (x_2+vt+a', t_2+a/c-t')$ 0 < a < vt
09:   $E_2 = (x_1-vt-a', t_1-a/c+t')$ 0 < a < vt

10:   $E_1 = (x_2+vt+a', t_2+a/c-t')$ 0 < a = vt
10:   $E_2 = (x_1-vt-a', t_1-a/c+t')$ 0 < a = vt

11:   $E_1 = (x_2+vt+a', t_2+a/c-t')$ 0 < vt < a
11:   $E_2 = (x_1-vt-a', t_1-a/c+t')$ 0 < vt < a

Sammanställning av koordinater för E_1 och E_2 för experiment 07-11:

07:   $E_1 = (x_1, t_1) = (x, t-x/c)$
07:   $E_2 = (x_2, t_2) = ((x-vt)c/(c-v), (ct-x)/(c-v))$

Einsteins speciella relativitetsteori – matematiska och fysikaliska misstag!

08: $E_1 = (x_1, t_1) = (x, t+x/c)$
08: $E_2 = (x_2, t_2) = ((x-vt)c/(c-v), (ct-x)/(c-v))$

09: $E_1 = (x_1, t_1) = (x, t+x/c)$
09: $E_2 = (x_2, t_2) = ((x-vt)c/(c-v), (ct-x)/(c-v))$

10: $E_1 = (x_1, t_1) = (x, t+x/c)$
10: $E_2 = (x_2, t_2) = ((x-vt)c/(c-v), (ct-x)/(c-v))$

11: $E_1 = (x_1, t_1) = (x, t+x/c)$
11: $E_2 = (x_2, t_2) = ((x-vt)c/(\mathbf{c+v}), (ct+x)/(\mathbf{c+v}))$

Dessa formler för koordinater för händelserna E_1 och E_2 kan delas i tre områden: 07, 08-10 och 11.

Vi kommer att använda dessa formler för att beräkna 'stavens' längd och tidsintervall.

Einsteins speciella relativitetsteori – matematiska och fysikaliska misstag!

Beräkning av längden när det ena referenssystemet är i rörelse

Vi kommer nu att göra liknande beräkningar som vi gjorde med två referenssystem stillastående gentemot varandra.

Denna gången handlar det om Experiment 07, 08, 09, 10, 11.

För beräkningen av längden på en 'stav' kommer vi att gå igenom några mellanlägen för ovan experiment. För varje sådan fall kommer vi att visa vilka formler vi använder.

'Staven' representeras med två händelser.

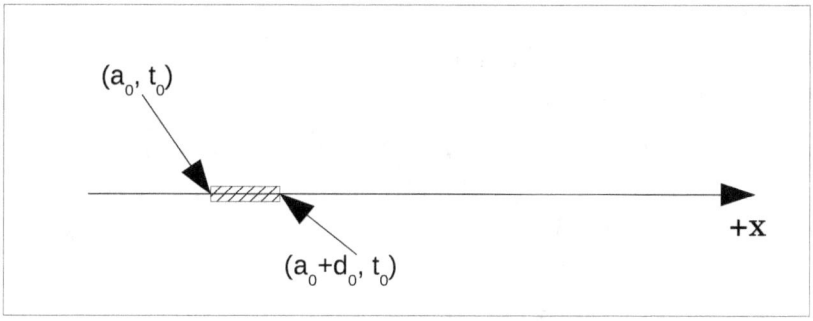

Fig. 06.4

Experiment 07:

Koordinater 07: $a < 0 < vt$
07:   $E_1 = (x_1, t_1) = (x, t-x/c)$
07:   $E_2 = (x_2, t_2) = ((x-vt)c/(c-v), (ct-x)/(c-v))$

Vi ersätter de generella koordinater med de konkreta från bilden Fig. 06.4, en gång för LTR$_1$ och en gång för LTR$_2$.

$L_1 = x_{12}-x_{11} = (a_0+d_0)-(a_0) = d_0$

$L_2 = x_{22}-x_{21} = [(a_0+d_0-vt_0)-(a_0-vt_0)]c/(c-v)) = d_0c/(c-v)$

$\rightarrow L_1 = d_0;\ L_2 = d_0c/(c-v)$

Experiment 07, 08:

Koordinater 07: $a < 0 < vt$
07:   $E_1 = (x_1, t_1) = (x, t-x/c)$
07:   $E_2 = (x_2, t_2) = ((x-vt)c/(c-v), (ct-x)/(c-v))$

Koordinater 08: $0 = a < vt$
08:   $E_1 = (x_1, t_1) = (x, t+x/c)$
08:   $E_2 = (x_2, t_2) = ((x-vt)c/(c-v), (ct-x)/(c-v))$
$a_0+d_0 = 0$ (se t ex bild Fig. 06.6)

Vi ersätter de generella koordinater med de konkreta från bilden Fig. 06.4.

$L_1 = x_{12}-x_{11} = (a_0+d_0)-(a_0) = d_0$

$L_2 = x_{22}-x_{21} = [(a_0+d_0-vt_0)-(a_0-vt_0)]c/(c-v)) = d_0c/(c-v)$

→ $L_1 = d_0$; $L_2 = d_0c/(c-v)$

Experiment 07, 09:

Koordinater 07: $a < 0 < vt$
07:     $E_1 = (x_1, t_1) = (x, t-x/c)$
07:     $E_2 = (x_2, t_2) = ((x-vt)c/(c-v), (ct-x)/(c-v))$

Koordinater 09: $0 < a < vt$
09:     $E_1 = (x_1, t_1) = (x, t+x/c)$
09:     $E_2 = (x_2, t_2) = ((x-vt)c/(c-v), (ct-x)/(c-v))$

Vi ersätter de generella koordinater med de konkreta från bilden Fig. 06.4.

$L_1 = x_{12}-x_{11} = (a_0+d_0)-(a_0) = d_0$
$L_2 = x_{22}-x_{21} = [(a_0+d_0-vt_0)-(a_0-vt_0)]c/(c-v)) = d_0c/(c-v)$

→ $L_1 = d_0$; $L_2 = d_0c/(c-v)$

Einsteins speciella relativitetsteori – matematiska och fysikaliska misstag!

Experiment 08, 09:

Koordinater 08: $0 = a < vt$
08: $E_1 = (x_1, t_1) = (x, t+x/c)$
08: $E_2 = (x_2, t_2) = ((x-vt)c/(c-v), (ct-x)/(c-v))$

Koordinater 09: $0 < a < vt$
09: $E_1 = (x_1, t_1) = (x, t+x/c)$
09: $E_2 = (x_2, t_2) = ((x-vt)c/(c-v), (ct-x)/(c-v))$

Vi ersätter de generella koordinater med de konkreta från bilden Fig. 06.4.

$L_1 = x_{12}-x_{11} = (a_0+d_0)-(a_0) = d_0$

$L_2 = x_{22}-x_{21} = [(a_0+d_0-vt_0)-(a_0-vt_0)]c/(c-v)) = d_0c/(c-v)$

→ $L_1 = d_0$; $L_2 = d_0c/(c-v)$

Experiment 09:

Koordinater 09: $0 < a < vt$
09: $E_1 = (x_1, t_1) = (x, t+x/c)$
09: $E_2 = (x_2, t_2) = ((x-vt)c/(c-v), (ct-x)/(c-v))$

Vi ersätter de generella koordinater med de konkreta från bilden Fig. 06.4.

Einsteins speciella relativitetsteori – matematiska och fysikaliska misstag!

$L_1 = x_{12}-x_{11} = (a_0+d_0)-(a_0) = d_0$

$L_2 = x_{22}-x_{21} = [(a_0+d_0-vt_0)-(a_0-vt_0)]c/(c-v)) = d_0c/(c-v)$

→ $L_1 = d_0$; $L_2 = d_0c/(c-v)$

Experiment 09, 10:

Koordinater 09: $0 < a < vt$
09: $E_1 = (x_1, t_1) = (x, t+x/c)$
09: $E_2 = (x_2, t_2) = ((x-vt)c/(c-v), (ct-x)/(c-v))$

Koordinater 10: $0 < a = vt$
10: $E_1 = (x_1, t_1) = (x, t+x/c)$
10: $E_2 = (x_2, t_2) = ((x-vt)c/(c-v), (ct-x)/(c-v))$

Vi ersätter de generella koordinater med de konkreta från bilden Fig. 06.4.

$L_1 = x_{12}-x_{11} = (a_0+d_0)-(a_0) = d_0$

$L_2 = x_{22}-x_{21} = [(a_0+d_0-vt_0)-(a_0-vt_0)]c/(c-v)) = d_0c/(c-v)$

→ $L_1 = d_0$; $L_2 = d_0c/(c-v)$

Experiment 09, 11:

Koordinater 09: $0 < a < vt$
09: $E_1 = (x_1, t_1) = (x, t+x/c)$
09: $E_2 = (x_2, t_2) = ((x-vt)c/(c-v), (ct-x)/(c-v))$

Koordinater 11: $0 < vt < a$
11: $E_1 = (x_1, t_1) = (x, t+x/c)$
11: $E_2 = (x_2, t_2) = ((x-vt)c/\mathbf{(c+v)}, (ct+x)/\mathbf{(c+v)})$

Vi ersätter de generella koordinater med de konkreta från bilden Fig. 06.4.

$L_1 = x_{12}-x_{11} = (a_0+d_0)-(a_0) = d_0$

$L_2 = x_{22}-x_{21} = (a_0+d_0-vt_0)c/\mathbf{(c+v)}-(a_0-vt_0)c/(c-v))$
Detta lät sig inte beräknas till en enkel form!

Experiment 10, 11:

Koordinater 10: $0 < a = vt$
10: $E_1 = (x_1, t_1) = (x, t+x/c)$
10: $E_2 = (x_2, t_2) = ((x-vt)c/(c-v), (ct-x)/(c-v))$

Koordinater 11: $0 < vt < a$
11: $E_1 = (x_1, t_1) = (x, t+x/c)$
11: $E_2 = (x_2, t_2) = ((x-vt)c/(c+v), (ct+x)/(c+v))$

Vi ersätter de generella koordinater med de konkreta från bilden Fig. 06.4.

$L_1 = x_{12}-x_{11} = (a_0+d_0)-(a_0) = d_0$

$L_2 = x_{22}-x_{21} = (a_0+d_0-vt_0)c/(\mathbf{c+v})-(a_0-vt_0)c/(c-v)$

Experiment 11:

Koordinater 11: $0 < vt < a$
11:   $E_1 = (x_1, t_1) = (x, t+x/c)$
11:   $E_2 = (x_2, t_2) = ((x-vt)c/(c+v), (ct+x)/(c+v))$

Vi ersätter de generella koordinater med de konkreta från bilden Fig. 06.4.
$L_1 = x_{12}-x_{11} = (a_0+d_0)-(a_0) = d_0$

$L_2 = x_{22}-x_{21} = [(a_0+d_0-vt_0)-(a_0-vt_0)]c/(\mathbf{c+v}) = d_0 c/(\mathbf{c+v})$

Einsteins speciella relativitetsteori – matematiska och fysikaliska misstag!

Sammanställning

Experiment 07:	$L_1 = d_0$	$L_2 = d_0c/(c-v)$
Experiment 07, 08:	$L_1 = d_0$	$L_2 = d_0c/(c-v)$
Experiment 07, 09:	$L_1 = d_0$	$L_2 = d_0c/(c-v)$
Experiment 08, 09:	$L_1 = d_0$	$L_2 = d_0c/(c-v)$
Experiment 09:	$L_1 = d_0$	$L_2 = d_0c/(c-v)$
Experiment 09, 10:	$L_1 = d_0$	$L_2 = d_0c/(c-v)$
Experiment 09, 11:	$L_1 = d_0$	

$$L_2 = (a_0+d_0-vt_0)c/(\mathbf{c+v})-(a_0-vt_0)c/(c-v)$$

Experiment 10, 11: $\quad L_1 = d_0$

$$L_2 = (a_0+d_0-vt_0)c/(\mathbf{c+v})-(a_0-vt_0)c/(c-v)$$

Experiment 11: $\quad L_1 = d_0 \quad L_2 = d_0c/(\mathbf{c+v})$

Vi ser att om 'staven' är placerad "bakom" LTR_2, referenssystemet i rörelse, kommer detta att registrera 'stavens' längd **större** än längden registrerad i LTR_1. Efter detta kommer 'stavens' registrerade längd att **minska**. När hela 'staven' befinner sig "framför" LTR_2 kommer detta att registrera **mindre** längd än längden registrerad i LTR_1.

Einstein använder Lorentztransformationer för att beräkna händelsens koordinater i ett referenssystem med hjälp av koordinater från det andra referenssystemet.

Men det räcker inte! Vi ser hur viktigt det är att ta hänsyn till händelsernas position gentemot ett referenssystem, speciellt det som är i rörelse.

Einsteins speciella relativitetsteori – matematiska och fysikaliska misstag!

Beräkning av tidsintervall för två händelser när det ena referenssystemet är i rörelse

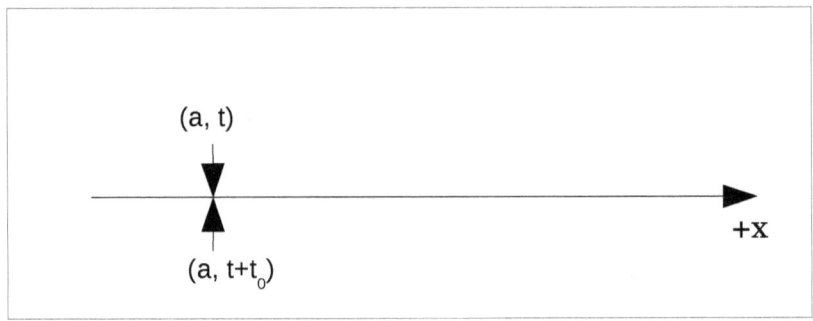

Fig. 06.15

Experiment 07:

Koordinater 07: $a < 0 < vt$
07: $E_1 = (x_1, t_1) = (x, t-x/c)$
07: $E_2 = (x_2, t_2) = ((x-vt)c/(c-v), (1/(c-v))(ct-x))$

Vi ersätter de generella koordinater med händelsernas egna koordinater, se Fig. 06.15.

$T_1 = t_{12}-t_{11} = (t+t_0-a/c)-(t-a/c) = t_0$
$T_2 = t_{22}-t_{21} = [(c(t+t_0)-a)-(ct-a)]c/(c-v) = t_0c/(c-v)$

Experiment 08:

Koordinater 08: $0 = a < vt$
08: $E_1 = (x_1, t_1) = (x, t+x/c)$
08: $E_2 = (x_2, t_2) = ((x-vt)c/(c-v), (ct-x)/(c-v))$

Vi ersätter de generella koordinater med händelsernas egna koordinater, se Fig. 06.15.

$T_1 = t_{12}-t_{11} = (t+t_0+a/c)-(t+a/c) = t_0$
$T_2 = t_{22}-t_{21} = [(c(t+t_0)-a)-(ct-a)]c/(c-v) = t_0c/(c-v)$

Experiment 09:

Koordinater 09: $0 < a < vt$
09: $E_1 = (x_1, t_1) = (x, t+x/c)$
09: $E_2 = (x_2, t_2) = ((x-vt)c/(c-v), (ct-x)/(c-v))$

Vi ersätter de generella koordinater med händelsernas egna koordinater, se Fig. 06.15.

$T_1 = t_{12}-t_{11} = (t+t_0+a/c)-(t+a/c) = t_0$
$T_2 = t_{22}-t_{21} = [(c(t+t_0)-a)-(ct-a)]c/(c-v) = t_0c/(c-v)$

Experiment 10:

Koordinater 10: $0 < a = vt$

10:   $E_1 = (x_1, t_1) = (x, t+x/c)$
10:   $E_2 = (x_2, t_2) = ((x-vt)c/(c-v), (ct-x)/(c-v))$

Vi ersätter de generella koordinater med händelsernas egna koordinater, se Fig. 06.15.

$T_1 = t_{12}-t_{11} = (t+t_0+a/c)-(t+a/c) = t_0$
$T_2 = t_{22}-t_{21} = [(c(t+t_0)-a)-(ct-a)]c/(c-v) = t_0c/(c-v)$

Nästa experiment bör vara Experiment 11.

Men vi måste dela det i tre delexperiment. När den första händelsen registreras i LTR_2 befinner vi oss i experiment 11. Men när signalen från den andra händelsen når LTR_2 hann detta förflytta sig.
Vi tänker visualisera detta.

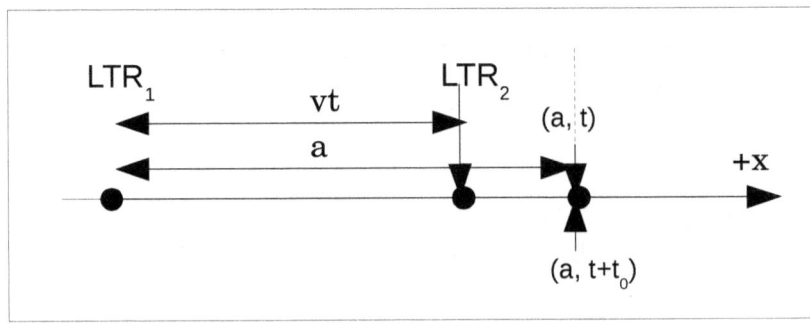

Fig. 13.1

Einsteins speciella relativitetsteori – matematiska och fysikaliska misstag!

Denna bild visar referenssystemens position när den *första* händelsen uppstår.

Beroende av värdet på v, a, och t_0 kommer LTR_2 att kunna befinna sig på tre olika ställen i jämförelse med LTR, systemet där händelserna (a, t) och (a, t+t_0) uppstår.

Experiment 11, 09:

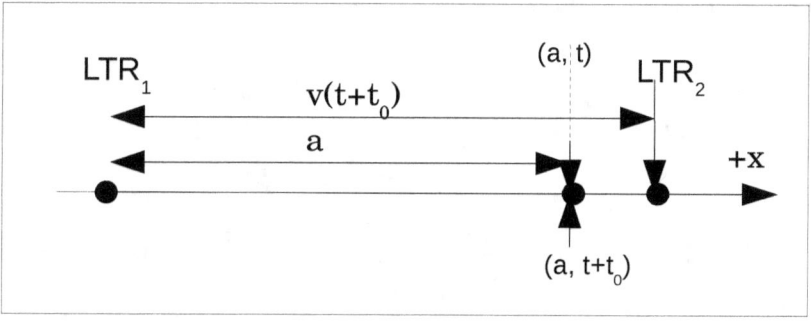

Fig. 13.2

Koordinater 11: $0 < vt < a$
11: $\quad E_1 = (x_1, t_1) = (x, t+x/c)$
11: $\quad E_2 = (x_2, t_2) = ((x-vt)c/(c+v), (ct+x)/(c+v))$

Koordinater 09: $0 < a < vt$

09: $E_1 = (x_1, t_1) = (x, t+x/c)$

09: $E_2 = (x_2, t_2) = ((x-vt)c/(c-v), (ct-x)/(c-v))$

Vi ersätter de generella koordinater med de konkreta från bilden Fig. 06.15.

$T_1 = t_{12}-t_{11} = (t+t_0+a/c)-(t+a/c) = t_0$

$T_2 = t_{22}-t_{21} = (c(t+t_0)-a)/(c-v) - (ct+a)/(c+v)$

Experiment 11, 10:

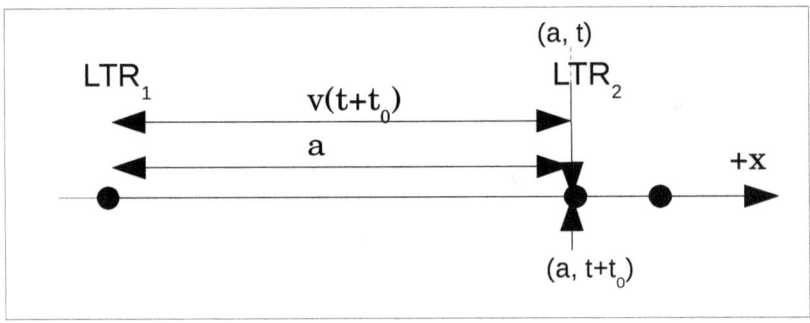

Fig. 13.3

Koordinater 11: $0 < vt < a$

11: $E_1 = (x_1, t_1) = (x, t+x/c)$

11: $E_2 = (x_2, t_2) = ((x-vt)c/(c+v), (ct+x)/(c+v))$

Einsteins speciella relativitetsteori – matematiska och fysikaliska misstag!

Koordinater 10: $0 < a = vt$
10:      $E_1 = (x_1, t_1) = (x, t+x/c)$
10:      $E_2 = (x_2, t_2) = ((x-vt)c/(c-v), (ct-x)/(c-v))$

Vi ersätter de generella koordinater med de konkreta från bilden Fig. 06.15.

$T_1 = t_{12}-t_{11} = (t+t_0+a/c)-(t+a/c) = t_0$
$T_2 = t_{22}-t_{21} = (c(t+t_0)-a)/(c-v) -(ct+a)/(\mathbf{c+v})$

Experiment 11, 11:

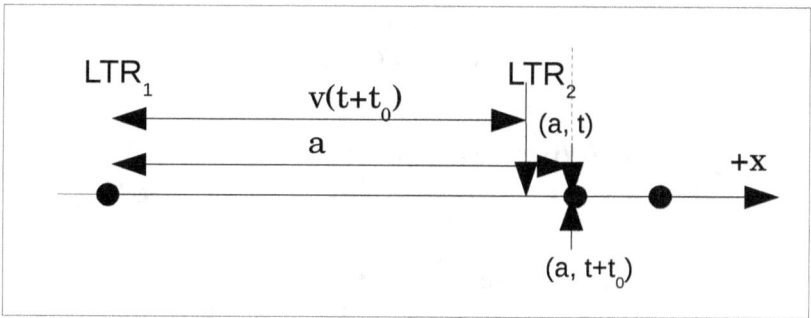

Fig. 13.4

Koordinater 11: $0 < vt < a$
11:      $E_1 = (x_1, t_1) = (x, t+x/c)$
11:      $E_2 = (x_2, t_2) = ((x-vt)c/(\mathbf{c+v}), (ct+x)/(\mathbf{c+v}))$

Einsteins speciella relativitetsteori – matematiska och fysikaliska misstag!

Vi ersätter de generella koordinater med de konkreta från bilden Fig. 06.15.

$T_1 = t_{12} - t_{11} = (t+t_0+a/c)-(t+a/c) = t_0$
$T_2 = t_{22} - t_{21} = (c(t+t_0)+a)/(\mathbf{c+v}) - (ct+a)/(\mathbf{c+v}) =$
$= t_0 c/(\mathbf{c+v})$

Sammanställning

Experiment 07: $\quad T_1 = t_0 \quad T_2 = t_0 c/(c-v)$
Experiment 08: $\quad T_1 = t_0 \quad T_2 = t_0 c/(c-v)$
Experiment 09: $\quad T_1 = t_0 \quad T_2 = t_0 c/(c-v)$
Experiment 10: $\quad T_1 = t_0 \quad T_2 = t_0 c/(c-v)$
Experiment 11, 09: $\quad T_1 = t_0$
$\quad T_2 = (c(t+t_0)-a)/(c-v) - (ct+a)/(\mathbf{c+v})$
Experiment 11, 10: $\quad T_1 = t_0$
$\quad T_2 = (c(t+t_0)-a)/(c-v) - (ct+a)/(\mathbf{c+v})$
Experiment 11, 11: $\quad T_1 = t_0 \quad T_2 = t_0 c/(\mathbf{c+v})$

Vi ser att om händelserna som representerar tidsintervallet är placerade "bakom" LTR$_2$, referenssystemet i rörelse, kommer detta att registrera tidsintervallets längd **större** än längden i LTR$_1$.
Efter detta kommer tidsintervallets längd att **minska**.
När händelserna befinner sig "framför" LTR$_2$ kommer detta att registrera **mindre** tidslängd än LTR$_1$.

Alla dessa experiment visar att beräkningen av både längder och tidsintervaller beter sig på samma sätt i båda referenssystem.

Vi ska titta nu på experiment när LTR är fast gentemot LTR_2, LTR rör sig gentemot LTR_1 med hastighet v > 0 mot +x-koordinaten.

Längd: $a = vt$, $a+d_0 = vt+d_0$

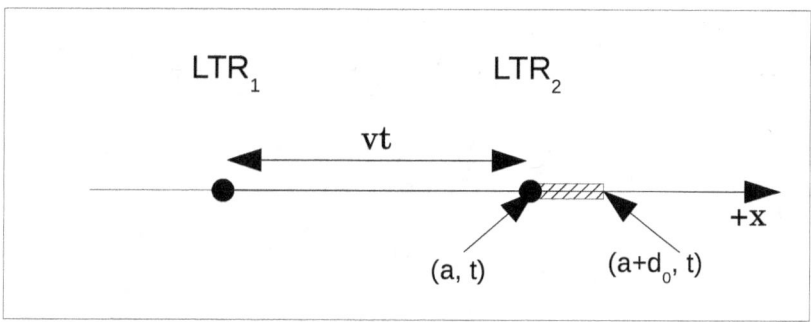

Fig. 13.5

$L_1 = x_{12}-x_{11} = (a+d_0)-(a) = d_0$

Einsteins speciella relativitetsteori – matematiska och fysikaliska misstag!

Tidsintervall: a = vt

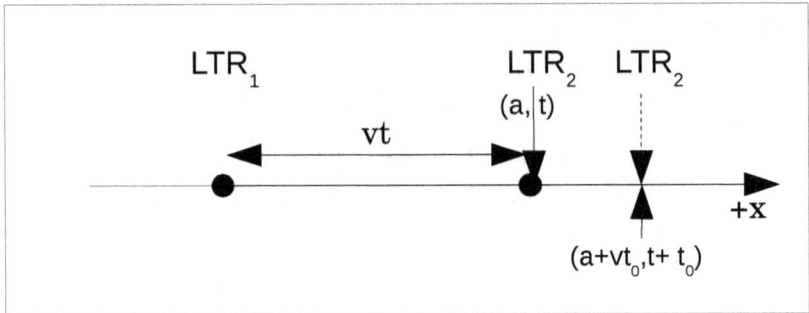

Fig. 13.6

$T_1 = t_{12} - t_{11} = (t + t_0 + (vt + vt_0)/c) - (t + vt/c) = t_0(c+v)/c$

Analys av Lorentztransformationer

I den speciella relativitetsteorin använder man sig av Lorentztransformationer för att beräkna händelsernas koordinater i ett referenssystem med hjälp av koordinater i ett annat referenssystem som rör sig med konstant hastighet, **v > 0**, gentemot den första.

Vi ska följa resonemanget och beräkningarna från *Lit 7*. Sida 14-15. Här använder man följande:
(2-3)   x' = u't' och x = ut
(2-4)   x' = Ax+Bt,   t' = Cx+Dt

Man säger att mellan (x,t) och (x', t') måste det finnas en linjär transformation. Detta i sin tur innebär att A, B, C, D är konstanter.

För att bestämma ovan fyra konstanter, använder man sig av tre specialfall.

1. Objektet i vilket händelse E uppstår är i LTR_2's origo. Detta motsvarar experiment 10.
$E_2 = (x_2, t_2) = (0, t)$
2. Objektet i vilket händelse E uppstår är i LTR_1's origo. Detta motsvarar experiment 08.
$E_1 = (x_1, t_1) = (0, t)$
3. Man likställer objektet i vilket händelse E uppstår

med en ljusstråle.

Vi följer beräkningarna:

1. x' = 0, x = vt
Ersätter dessa i (2-4) och får:
   0 = Avt+Bt och t' = Cvt+Dt →
   B = -Av och t' = Cvt+Dt

2. x = 0, x' = -vt'
Ersätter dessa i (2-4) och får:
   -vt' = Bt och t' = Dt
Dividerar dessa två ekvationer och får
   B = -Dv → D = A

Mitt tillägg:
Men t' = Cvt+Dt från 1. och t' = Dt från 2. →
   Cvt+Dt = Dt → Cvt = 0 → **C = 0**

Då blir
(2-4) x' = Ax-Avt och t' = At eller
   x' = A(x-vt) och t' = At

Nu använder vi
3. x' = ct' och x = ct
Vi ersätter dessa i x' = A(x-vt) och får
   ct' = A(ct-vt) och t' = At

Härifrån får vi:
   ct = ct-vt → vt = 0

Man får motsägelse med ursprungsvillkor.

Varför? Därför att:
1) Man tvingar att transformationer ska vara linjära fast vi har sett att de inte är det.
2) Man skriver ekvationer för hur referenssystem rör sig och tvingar sedan på dessa ljusets hastighet. Vi vet att materiella objekt kan INTE röra sig med ljusets hastighet.

Om man anser att Lorentztransformationer gäller för alla experiment med två referenssystem då bör de verifiera också experiment 10:

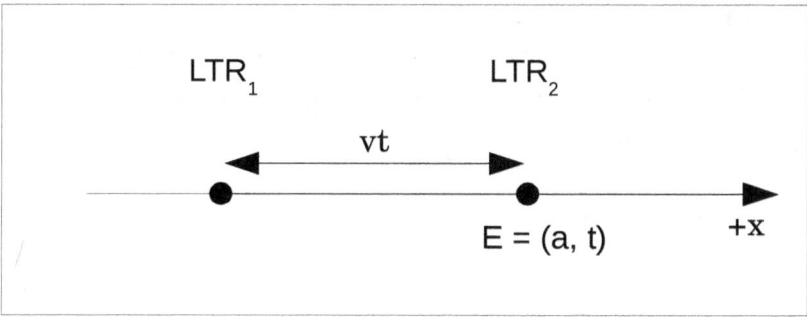

Fig. 10.1

Einsteins speciella relativitetsteori – matematiska och fysikaliska misstag!

Vi har här följande:
$E = (a, t), 0 < a = vt$
$E_1 = (x_1, t_1) = (vt, t+vt/c)$
$E_2 = (x_2, t_2) = (0, t)$

Vi ersätter dessa värden i Lorentztransformationen för x_2.

(x_1, t_1) motsvarar (x, t)
(x_2, t_2) motsvarar (x', t')

$0 = (x_1-vt_1)LF \rightarrow x_1-vt_1 = 0 \rightarrow$
$vt-v(t+vt/c) = 0 \rightarrow vt-vt-vvt/c = 0 \rightarrow -vt/c = 0 \rightarrow$
$vt = 0$

som motsäger experimentets ingångsvillkor, $0 < a = vt$.

Nu måste vi ställa oss några frågor och analysera!
Varför får vi här motsägelse?
På ena sida har vi experiment 10, med ingångsvillkor *vt > 0* och de beräknade koordinater i de två referenssystem

$E_1 = (x_1, t_1) = (vt, t+vt/c)$
$E_2 = (x_2, t_2) = (0, t)$

och på andra sidan har vi Lorentztransformationer som ska gälla liknande experiment.

En av dessa två delar måste vara fel.

Jag hävdar att det inte finns något fel i experiment 10.

Därför drar jag slutsats att felet finns i Lorentztransformationer.

Jag är medveten om att detta är ett mycket vågat påstående, men felet finns där.

Analys av Lorentzfaktorn

I en del av litteraturen (*Lit 1, Lit 6, Lit 8*) som behandlar den speciella relativitetsteorin kommer man till Lorentzfaktorn på följande sätt.
Man har som tankeexperiment att ett rymdskepp i vilket en ljusstråle utgår från golvet, reflekteras i taket och kommer tillbaka till golvet. Vi illustrerar två fall:

Första fallet är när rymdskepp är stillastående. Avstånd från golvet till taket är L.

Fig. 14.1

Då är tiden för att ljuset ska passera sträckan golvet-taket-golvet

$$t_0 = 2L/c$$

Einsteins speciella relativitetsteori – matematiska och fysikaliska misstag!

I det andra fallet rör sig rymdskeppet med konstant hastighet $v > 0$ åt höger.

Vi betraktar triangel med angivna sidor och beräknar därifrån t.

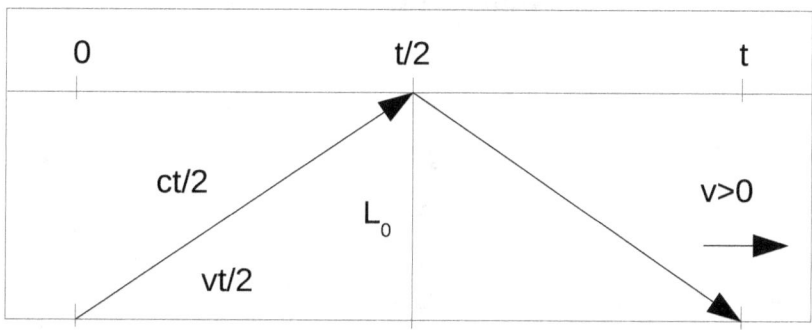

Fig. 14.2

$$t = 2L\,(1/(c^2-v^2))$$

Man ersätter $2L$ med $t_0 c$ och får

$$t = t_0 LF \text{ där LF är Lorentzfaktorn.}$$

Men hur kan man påstå något sådant?

En ljusstråle rör sig med konstant hastighet c och med samma riktning oavsett hur ljuskällan rör sig.

Tänk dig en stillastående plattform i vakuum, i rymden. En ljusstråle lämnar plattformen och kommer att röra sig med samma riktning.

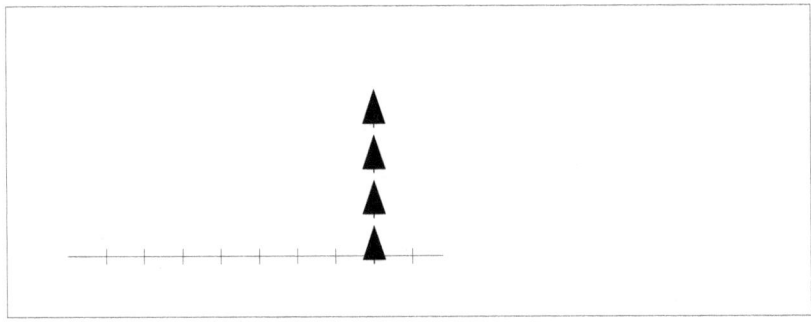

Fig. 15.1

Tänk dig nu en plattform i vakuum, i rymden, som rör sig med hastighet $v > 0$. En ljusstråle lämnar plattformen och kommer att röra sig med samma riktning .

Einsteins speciella relativitetsteori – matematiska och fysikaliska misstag!

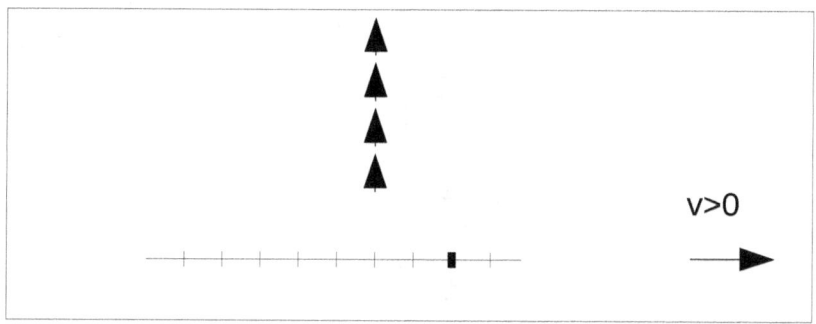

Fig. 15.2

Vi illustrerar resonemanget att en ljussignal som lämnar golvet, reflekterar sig i taket och når golvet igen, rör sig med samma riktning.

Vi kommer att i samma bild visa flera mellanlägen så att man på ett enkelt sätt ser hur ljussignalen och "rymdskeppet" rör sig.

Vi har ett "rymdskepp" som rör sig med konstant hastighet v = 30 km/s åt höger. Vi tänker oss en ljussignal som lämnar golvet, reflekterar sig i taket och når golvet igen. Under denna tid förflyttar sig skeppet med ett avstånd $d = 2x$.

Einsteins speciella relativitetsteori – matematiska och fysikaliska misstag!

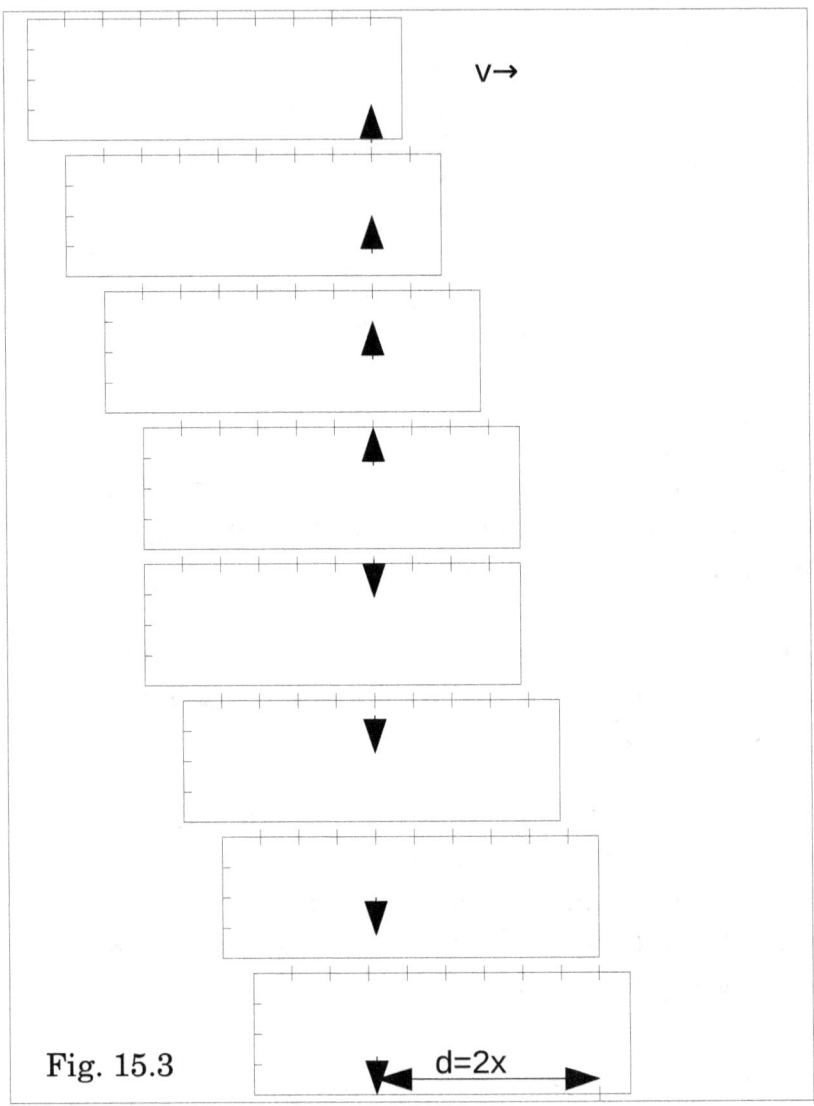

Fig. 15.3

Betrakta noga denna bild! En ljussignal utgår från
golvet, reflekterar sig i taket och hamnar i ett annat
punkt på golvet, *bakom* punken därifrån den utgick
om man tänker på rörelsens riktning.
Ljuset fortplantar sig inte i zig-zag.
Avstånd mellan de två punkter berättar *endast* om hur
långt skeppet förflyttade sig under samma tid som
ljussignalen avverkade sträckan $2L_0$. Vi betecknar
detta avstånd med $d = 2x$.

Sammanfattar vi detta: Tiden under vilken
ljussignalen avverkar sträckan $2L$ är densamma som
rymdskeppet behöver för att avverka sträckan $2x$.

$$t = 2L/c = 2x/v \rightarrow x = Lv/c$$

Exempel 1: $L = 10$ m, $v = 30$ km/s, $c = 300\ 000$ km/s

$$x = 10*30/300000 \text{ m} = 1/1000 \text{ m} = 1 \text{ mm}$$

*Detta innebär att man skulle kunna bygga en
interferometer som skulle mäta Jordens hastighet i
rymden, runt Solen, runt galaxens centrum.*

$$v = xc/L$$

Denna interferometer skulle funka som ett
elektromagnetisk gyroskop, ett **ljusgyroskop**.

Einsteins speciella relativitetsteori – matematiska och fysikaliska misstag!

Analys av Einsteins "En enkel härledning av Lorentztransformationen"

Denna del finns i *Lit 3*, Appendix, sida 125.

Jag kommer att citera Einstein och kommentera det han påstår och självklart komma med invändningar:

"En ljussignal som löper längs den positiva x-axeln fortplantas enligt ekvationen

$$x = ct \text{ eller } x\text{-}ct = 0 \text{ "} \qquad (1)$$

Detta gäller för x >= 0, "längs den positiva x-axeln". *x* måste vara positiv därför att *ct* är en sträcka, en längd, och de är positiva.
Liknande gäller det andra koordinatsystem.

$$x' = ct' \text{ eller } x'\text{-}ct' = 0 \qquad (2)$$

Detta gäller för x' >= 0.
Vidare står det i texten att en händelse i rumtiden som uppfyller den ena ekvationen måste uppfylla också den andra.

$$(x'\text{-}ct') = \lambda(x\text{-}ct) \qquad (3)$$

"En analog betraktelse av en ljusstråle som fortplantas längs den negativa x-axeln ger villkoret

$$(x'+ct') = \mu(x+ct)" \quad (4)$$

+-tecknet i denna ekvation kommer från $-x = ct$
på grund av att x är negativt ("längs den negativa x-axeln").
Denna delen gäller för x <= 0 och x' <= 0.

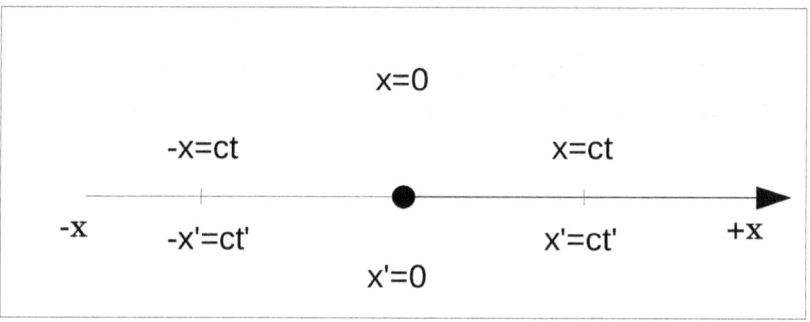

Fig. 16.1

I nästa bild likställer man koordinater med sträckor, längder, se Fig. 16.2.

Ekvationen (3) gäller för **x >= 0**, när ljussignalen rör sig från origo åt **höger**, längs **+x-axeln**.
Ekvationen (4) gäller för **x <= 0**, när ljussignalen rör sig från origo åt **vänster**, längs **-x-axeln**.

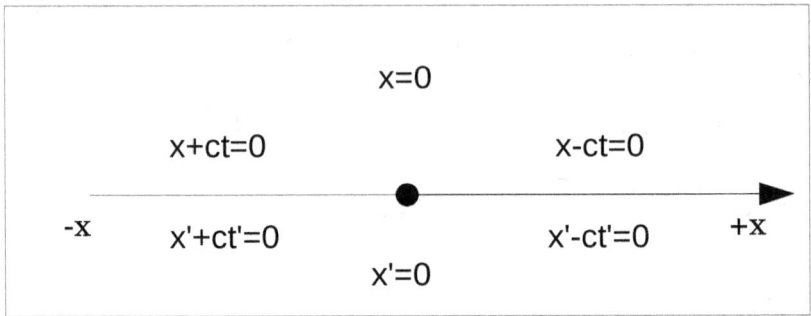

Fig. 16.2

"Om man nu adderar respektive subtraherar ekvationerna (3) och (4) erhåller man:

$x' = ax - bct$
$ct' = act - bx$"

och så vidare.

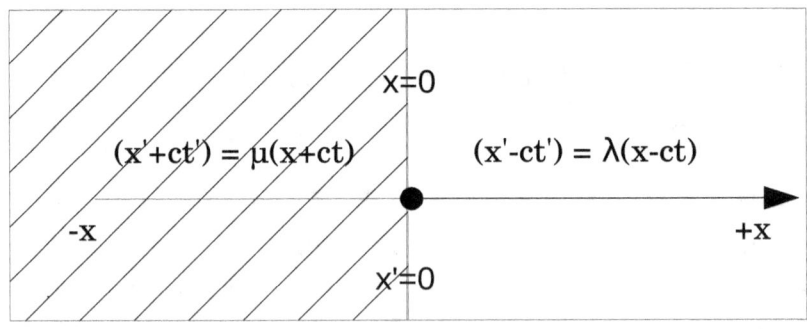

Fig. 16.3

Vidare behöver vi inte analysera Einsteins Lorentztransformationer.

Här gör Einstein ett grundläggande matematiskt fel: man adderar och subtraherar ekvationer som gäller i helt skilda giltighetsområden.

Jag åberopar *Lit 10* sida 32:

"Om f och g är funktioner, då för varje x som tillhör **giltighetsområden för både f och g**, definierar vi funktioner f + g ..."

*Vi kan göra operationer på funktioner **endast** i deras gemensamma giltighetsområden.*

Ovan områden har en enda punkt gemensamt:
$x = 0, x' = 0$.

Och då har vi det triviala exemplet när båda koordinatsystem befinner sig i samma punkt!

Einsteins speciella relativitetsteori – matematiska och fysikaliska misstag!

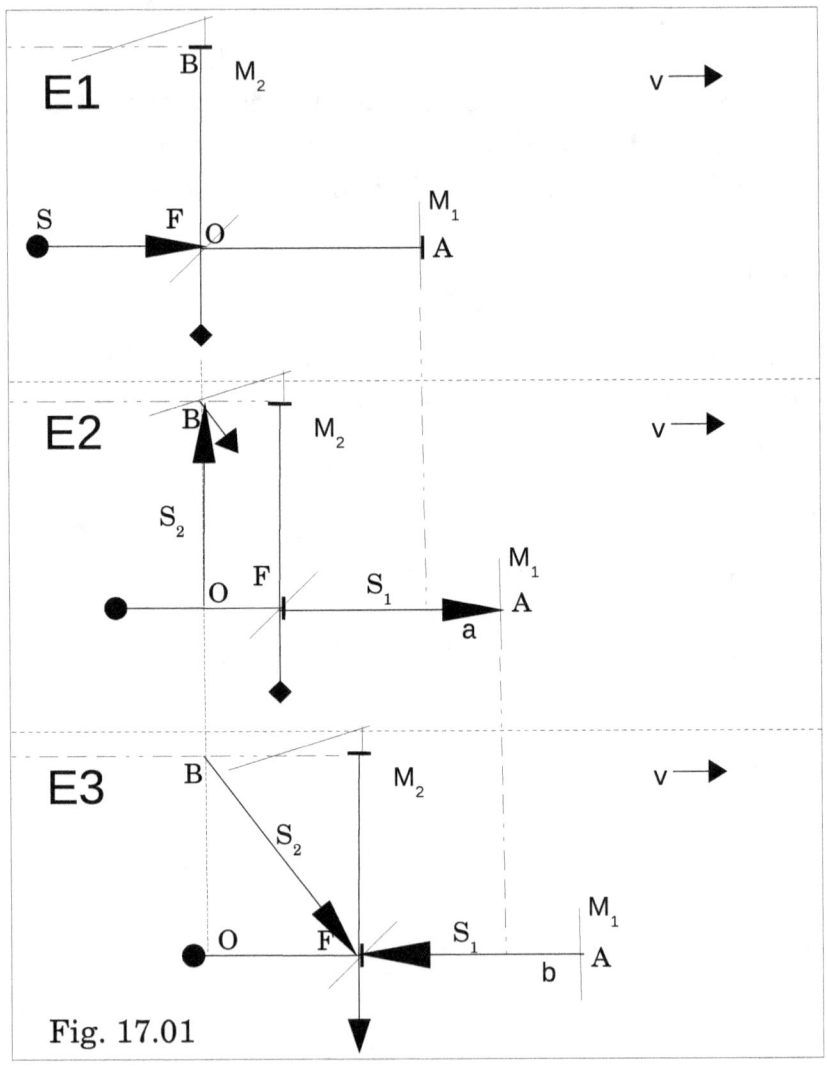

Fig. 17.01

Einsteins speciella relativitetsteori – matematiska och fysikaliska misstag!

Michelson-Morley experiment, 1887

E1: Michelson-interferometer
Interferometerns armar FA = FB = L.
Från S skickas en ljusstråle som delas i två i F. S_1 fortsätter rakt fram mot A. S_2 går mot B.

E2:
När S_1 når A, reflekteras den, och går tillbaka mot F.
När S_2 når B, reflekteras den, och går "tillbaka" mot F.

Under tiden S_1 går mot A och når denna punkt hinner hela systemet förflytta sig med a. Då avverkade S_1 sträckan $L + a$. S_2 avverkade sträckan L.
Obs! S_1 och S_2 reflekteras inte samtidigt!

E3:
Under tiden den reflekterade S_1 går mot F och når denna punkt, rör sig hela systemet med b. Då avverkade S_1 sträckan $L - b$. S_2 avverkade sträckan $BF = (OB^2 + OF^2)^{1/2}$.

Vi beräknar nu längden på sträckor S_1 och S_2.

$$\text{Längd}(S_1) = L + a + L - b.$$
$$\text{Längd}(S_2) = L + (L^2 + (a+b)^2)^{1/2}.$$

Kolla hur man beräknar a' i något av experimenten 07-11. Enligt samma princip kommer

$a = Lv/(c-v)$
$b = Lv/(c+v)$
$a+b = 2Lcv/(c^2-v^2)$

Längd(S1) = 2L + a - b = $2Lc^2/(c^2-v^2)$
Längd(S_2) = $L + (L^2 + (a+b)^2)^{1/2}$ = $2Lc^2/(c^2-v^2)$

Längden de två ljusstrålar
passerar
är densamma!

Detta innebär att Michelson-interferometer INTE kunde upptäcka om det finns någon eter!

Detta experiment har använts som argument vid byggandet av den speciella relativitetsteorin. Men som vi ser nu baseras experimentet på felaktiga förutsättningar för hur ljuset förflyttar sig.

Kolla kapitel Analys av Lorentzfaktorn, sida 102 och bilderna Fig. 15.1, 15.2 och 15.3 på sida 104-106.

Avslut

I denna skrivelse har vi analyserat följande:

1) Experiment med två referenssystem, stillastående gentemot varandra, och ett objekt i vilket uppstår händelser.

2) Experiment med två referenssystem, som rör sig med konstant hastighet $v > 0$ gentemot varandra, och ett objekt i vilket uppstår händelser.

3) Lorentztransformationer i *Lit 7*. Vi visar här att beräkningarna är ofullständiga

4) Lorentzfaktorn i *Lit 1, Lit 6 och Lit 8*. Vi visar hur fullständigt felaktigt man resonerar om ljusets fortplantning.

5) Einsteins härledning av Lorentztransformationer. Vi visar hur denna härledning baseras på felaktiga matematiska antaganden.

6) Michelson-interferometer: Vi visar att experimentet var dömt att misslyckas från början!

Utifrån detta bör man dra slutsatsen att den speciella relativitetsteorin är felaktig från grunden.

www.ingramcontent.com/pod-product-compliance
Lightning Source LLC
Chambersburg PA
CBHW050110230526
45470CB00004B/1770